十大猪病多病例对照诊治与防控图谱

张弥申　吴家强　张广勇　主编

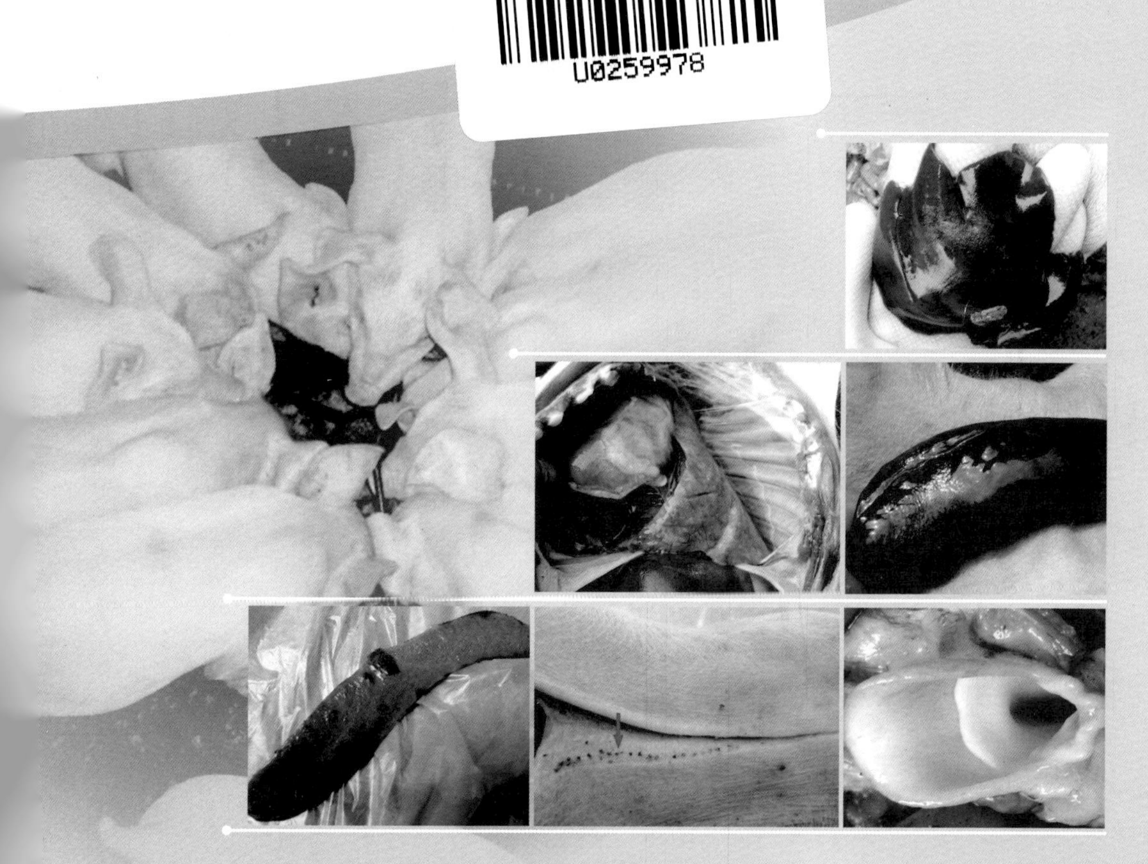

中国农业科学技术出版社

图书在版编目（CIP）数据

十大猪病多病例对照诊治与防控图谱 / 张弥申，吴家强，张广勇主编. —北京：中国农业科学技术出版社，2013.1
ISBN 978-7-5116-1036-2

Ⅰ.①十… Ⅱ.①张…②吴…③张… Ⅲ.①猪病—诊疗—图谱 Ⅳ.①S858.28-64

中国版本图书馆CIP数据核字（2012）第182847号

责任编辑 闫庆健
责任校对 贾晓红 范 潇

出 版 者 中国农业科学技术出版社
北京市中关村南大街12号 邮编：100081
电 话 （010）82106632（编辑室）（010）82109704（发行部）
（010）82109709（读者服务部）
传 真 （010）82106632
网 址 http://www.castp.cn
经 销 者 各地新华书店
印 刷 者 北京昌联印刷有限公司
开 本 710mm×1 000mm 1/16
印 张 3.75
字 数 71千字
版 次 2013年1月第1版 2013年1月第1次印刷
定 价 15.00元

《十大猪病多病例对照诊治与防控图谱》
编 委 会

主　编：张弥申　吴家强　张广勇

副主编：蒋　岩　张长征　王进黉　宋光亮

编　委（按姓氏笔画排序）：

王全丽（女）　王兆亮　王绍成
王祥秀（女）　史先锋　刘　涛　刘夫利
朱红陆　朱本立　朱家春　李正福　李月山
李臣贤　李方英（女）　张晓旭（女）
张晓康　张德江　姬广东　夏芝玉　高　健
甄宗伦

作者简介

张弥申（张米申），男，汉族，1963年2月生，山东鱼台人，中国农业大学动物医学专业毕业。工作单位：江苏沛县兽医站。社会兼职：山东牧昌饲料有限公司技术部总监。

职称兽医师。擅长猪病临床诊疗和剖检。在20年的临床诊疗工作中，拍摄了大量的动物疾病临床症状的录像片和剖检图片。

曾参加编写多部兽医书籍：

《猪病学》第三版副主编（中国农业大学出版社，2010年出版，宣长和主编）。

《猪病诊疗原色图谱》编者（中国农业出版社，2008年出版，潘耀谦主编）。

《兽医病理学原色图谱》编者（中国农业出版社，2008年出版，陈怀涛主编）。

《猪病诊治彩色图谱》编者（中国农业出版社，2010年出版，潘耀谦主编）

《猪病诊断与防治原色图谱》副主编（金盾出版社，2010年出版，王春傲主编）。

《猪病症状鉴别诊断与防治彩色图谱》副主编（中国农业科学技术出版社，2011年出版，宣长和主编）。

《猪常见病快速诊疗图谱》副主编（山东科学技术出版社，2012年出版，吴家强主编）。

曾在《中国兽医杂志》、《畜牧与兽医杂志》、《养殖技术顾问》、《兽药市场指南》、《农家之友》、《农村养殖技术》、《北方牧业》、《科学种养》和《今日畜牧兽医》等杂志发表几十篇文章。

并兼任多家猪场技术顾问。

前 言

随着中国养猪事业的蓬勃发展，国外猪品种引进和国内的生猪调拨，对中国养猪生产起到了积极作用。但是上述行为也对猪病传播起了推波助澜的作用。近几年笔者在猪病临床上发现，当一些新病（猪蓝耳病、圆环病毒病等）不断被引入的同时，以往的某些猪病也因病原变异导致临床症状或病变出现一些新的变化。相同的疾病甚至同窝病猪，表现的临床症状和病变也不完全相同，有时甚至差别还较大，这就给猪病现场诊断带来了诸多不确定因素。因此，临床上出现误诊率较高。在多年的猪病诊断中，笔者拍摄了大量猪病临床症状、剖检变化录像片和图片等资料。本书就是笔者从近几年在一线猪病诊断工作获取的资料中，选出部分具有代表性的疾病资料和图片，根据多年的临床经验，把一种猪病用 2 ~ 4 个病例进行对比，向读者展示不同年龄、不同猪群、有时甚至是同一猪群发病时的相同或不同症状和病变，以便读者在猪病诊断中进行比对或参考。为求通俗易懂，贴近临床，本书在文字叙述中，每种猪病都增加了临床实践内容，这一段落主要是笔者多年从事猪病诊断与防治过程中遇到的临床案例，通俗易懂，专业术语较少，大多是第一手资料，其他书中很难看到。望读者仔细阅读，在猪病诊疗中定有参考价值。由于笔者水平有限，希望读者在阅读本书时，审慎诊断，以严谨的理论知识和查阅其他资料为依据。本书作为一个猪病讨论平台，起抛砖引玉的作用，有不足之处，希望读者不要包涵，要提出来，大家共同探讨和解决。目的是在今后的猪病诊疗工作中，减少误诊，从而为中国的养猪事业的蓬勃发展作出积极贡献。为与养猪业界的同仁更好地沟通、探讨猪病，请联系：E-mail：zhmshpx@126.com； QQ：4064863。

本书编写过程中，得到了中共沛县县委、沛县人民政府、沛县农业委员会领导的关怀和大力支持。在此，表示衷心感谢。

编 者

2012 年 8 月

目　录

一、仔猪水肿病

（一）临床症状

发病年龄：断奶后至70日龄前后最易发生，多发于体况健壮、生长速度快的仔猪。急性病例，突然出现神经症状：共济失调，转圈或后退、抽搐，四肢麻痹，呼吸急促，闭目张口呼吸，最后死亡。死后皮肤颜色大多正常，有的皮肤出现淤血现象，表现腹胀。一般病例，体温正常，食欲减退或废绝。初期表现腹泻或便秘，1～2天后病程突然加剧，很快死亡。临床上，病猪头颈部、眼睑和结膜等部位出现明显的水肿。因此，得名“水肿病”。

（二）剖检变化

胃壁和肠系膜呈胶冻样水肿是该病的特征。胃壁水肿常见于大弯部位和贲门部位。胃黏膜层和肌层之间有一层胶冻样水肿。大肠系膜水肿。喉头、气管和肺淤血水肿。胃、肠黏膜呈弥漫性出血。心包腔、胸腔和腹腔有大量积液。肾淤血水肿呈暗紫色。膀胱壁水肿增厚充血、淤血或出血。肠系膜淋巴结有水肿、充血或出血。

（三）临床实践

该病最易与急性副猪嗜血杆菌或伪狂犬病混淆，应注意。剖检特征：肾水肿淤血暗紫色占80%；喉头、气管水肿淤血暗红色占85%；膀胱壁水肿增厚占90%。对发病猪静脉注射亚甲蓝配合葡萄糖，可能是目前较理想的方法。该方法只是作者本人用过多年，效果较好，但未经权威部门验证，还需临床检验。

（四）病例对照

作者用3组图片（A组、B组和C组）说明：图A1、图B1和图C1分别显示水肿病猪眼睑都有不同程度的水肿；图A2、图B2显示病死猪皮肤淤血，而图C2的皮肤外观颜色无明显变化；图A3、图B3显示病猪肺淤血水肿严重紫红色，图C3的肺充血水肿，无严重淤血现象；图A4、图B4显示病猪喉头、气管淤血

水肿呈暗红色，而图 C4 的喉头、气管水肿并蓄积大量泡沫；图 A5、图 B5 显示病猪肾淤血水肿呈暗紫色，而图 C5 的肾淤血水肿较轻；图 A6、图 B6、图 C6 显示病猪肠系膜淋巴结水肿，颜色变化差异较大，诊断时需注意；图 A7、图 B7、图 C7 显示病猪肠道变化呈现多样性，图 A7 大肠胀气严重，图 B7 的腹腔脏器附蜘蛛网状纤维素。图 C7 的大肠系膜胶冻状水肿严重。图 A8、图 B8、图 C8 显示病猪膀胱水肿增厚充血、淤血或出血情况，图 C8 的膀胱增厚较轻。

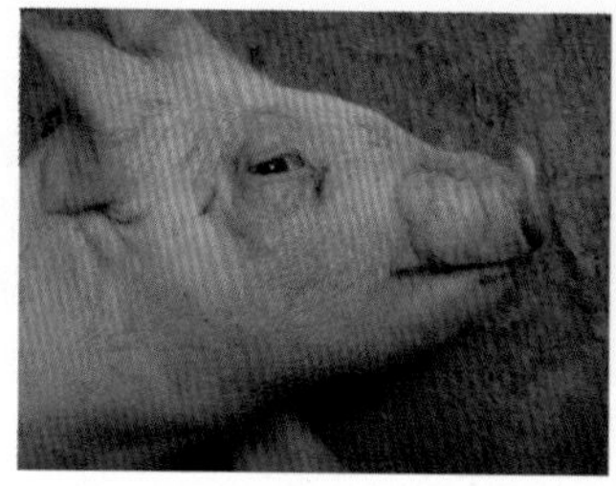

图 A1　病猪头颈部、眼睑水肿

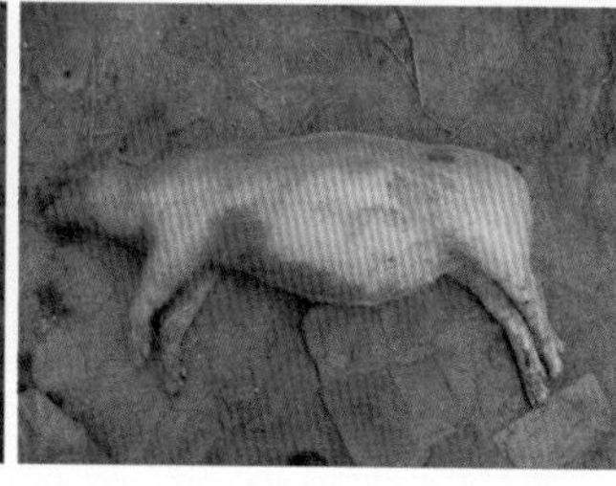

图 A2　皮肤出现淤血斑现象

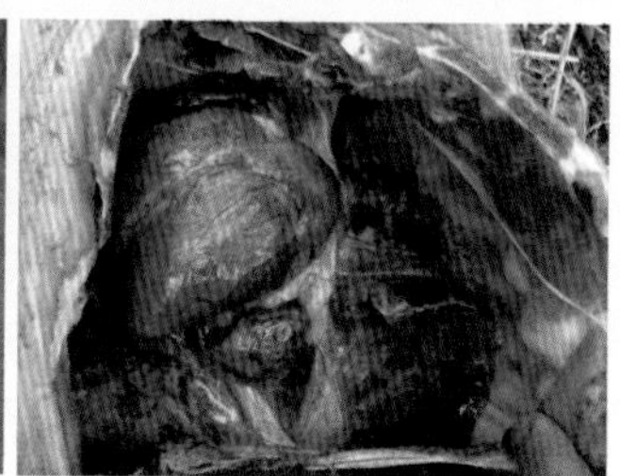

图 A3　肺淤血水肿

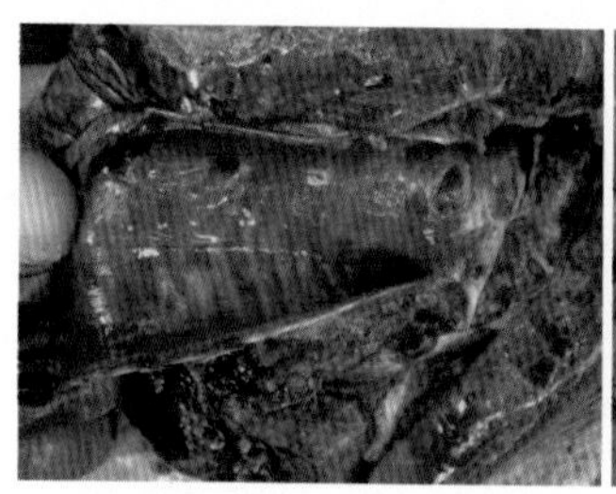

图 A4　喉头、气管淤血水肿呈暗红色

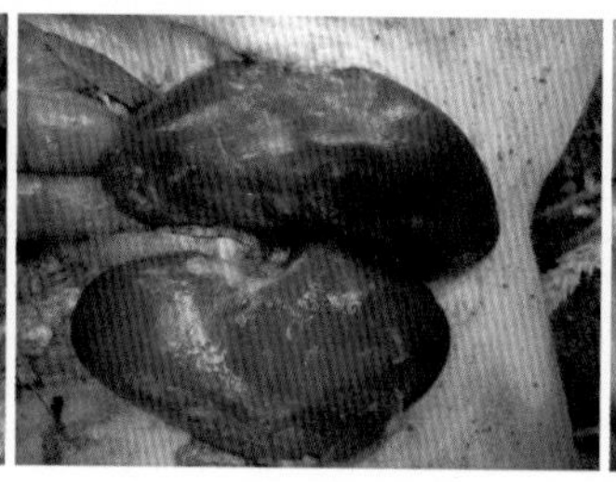

图 A5　肾淤血水肿呈暗紫色

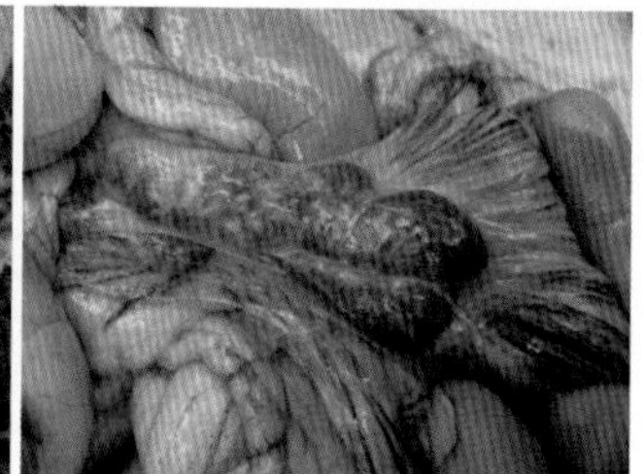

图 A6　肠系膜淋巴结有水肿、充血或淤血

图 A7　大肠胀气系膜无明显水肿

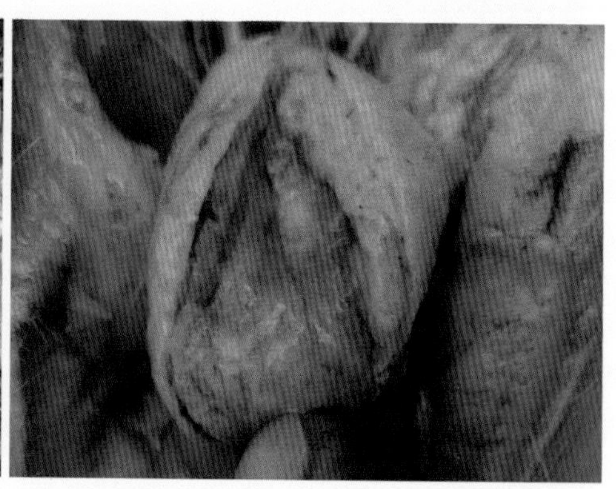

图 A8　膀胱壁水肿增厚充血、淤血或出血

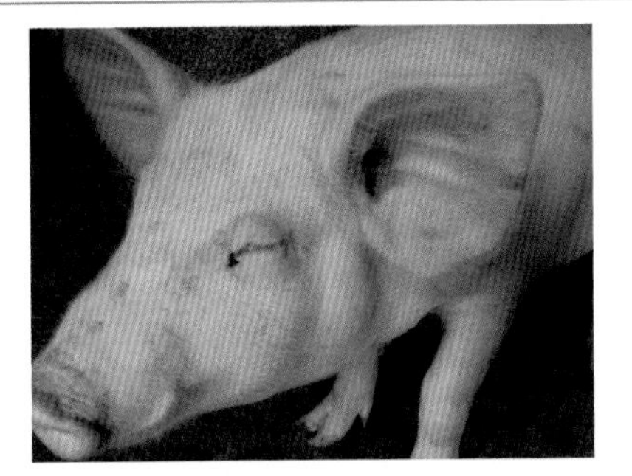

图 B1　病猪头颈部、眼睑水肿

图 B2　皮肤出现淤血现象

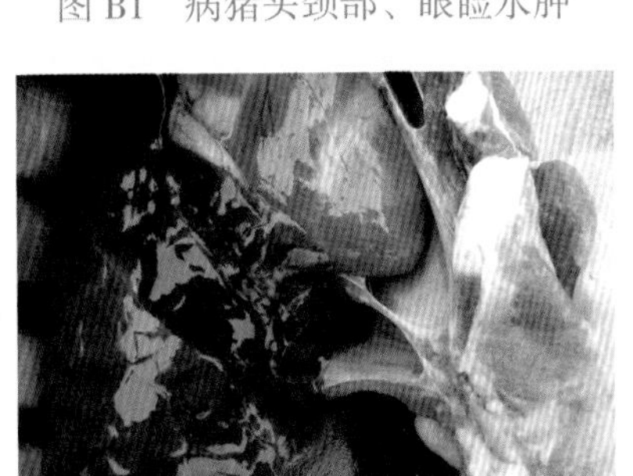

图 B3　肺淤血水肿

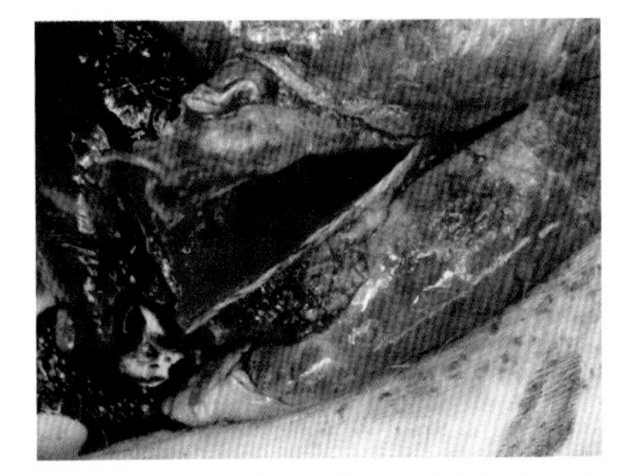

图 B4　喉头、气管淤血水肿呈暗红色

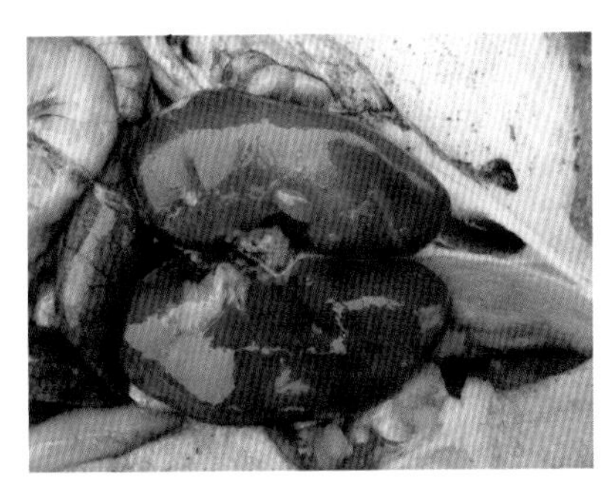

图 B5　肾淤血水肿呈暗紫色

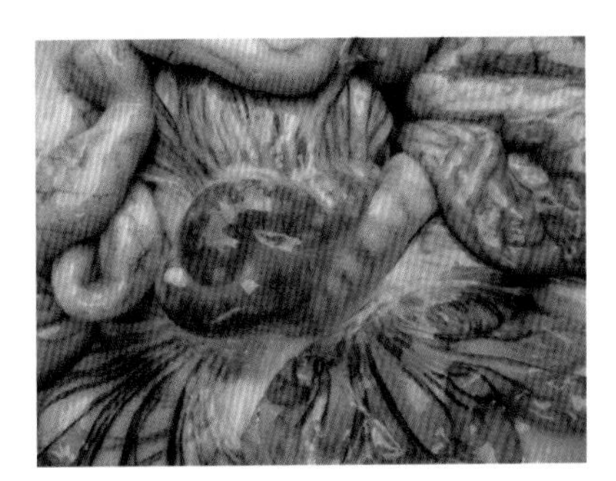

图 B6　肠系膜淋巴结有水肿、充血或出血

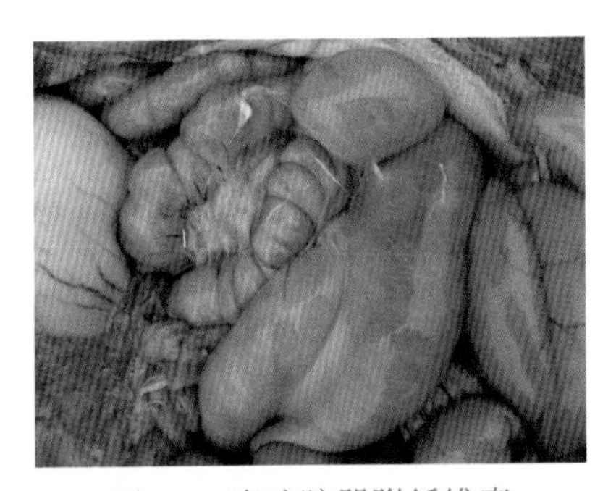

图 B7　腹腔脏器附纤维素

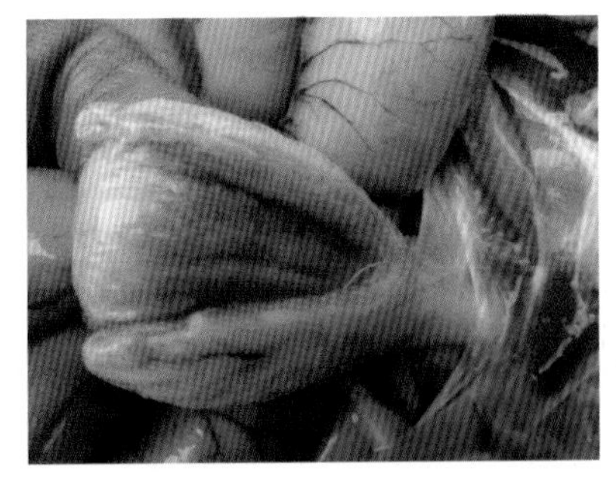

图 B8　膀胱壁水肿增厚充血、淤血或出血

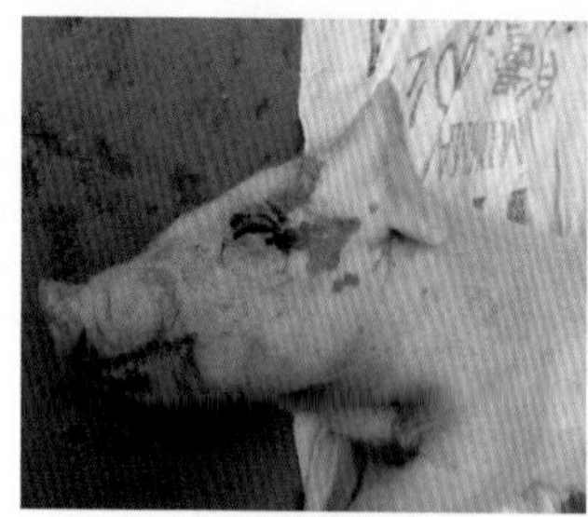
图 C1　病猪头颈部、眼睑水肿较轻

图 C2　皮肤外观颜色无明显变化

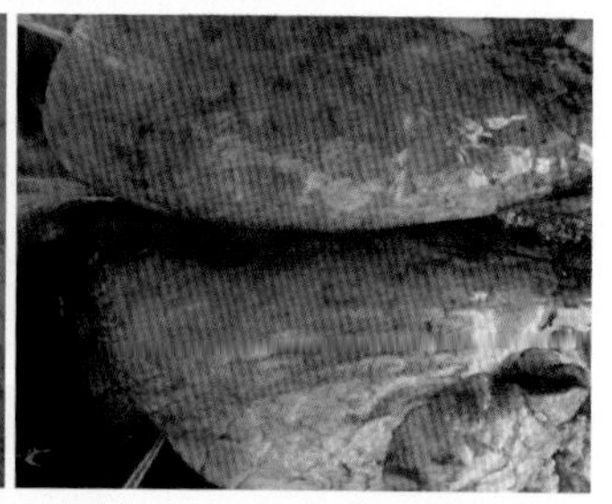
图 C3　肺充血水肿，无淤血现象

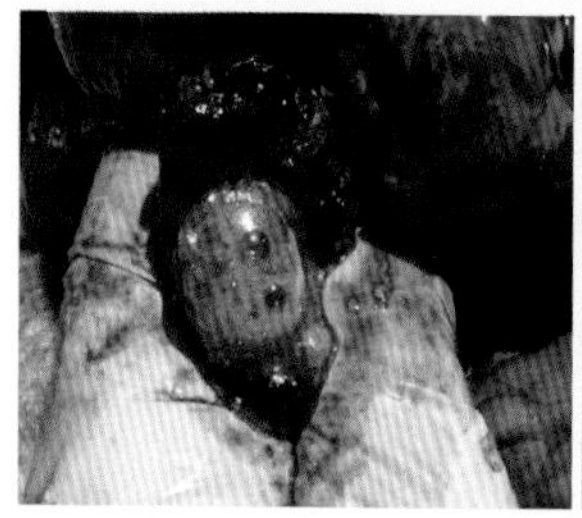
图 C4　喉头、气管水肿并蓄积泡沫

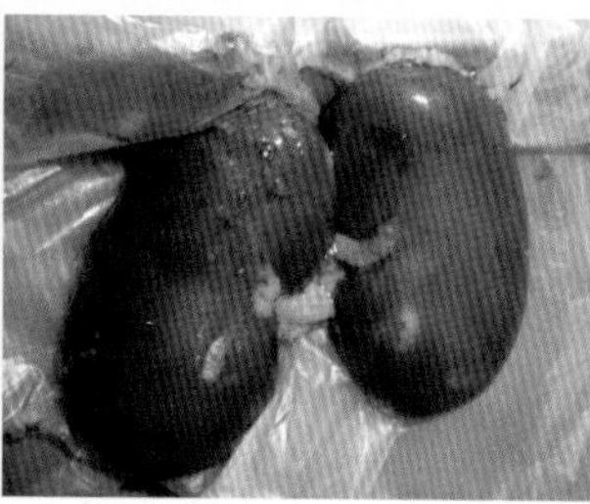
图 C5　肾淤血水肿较轻

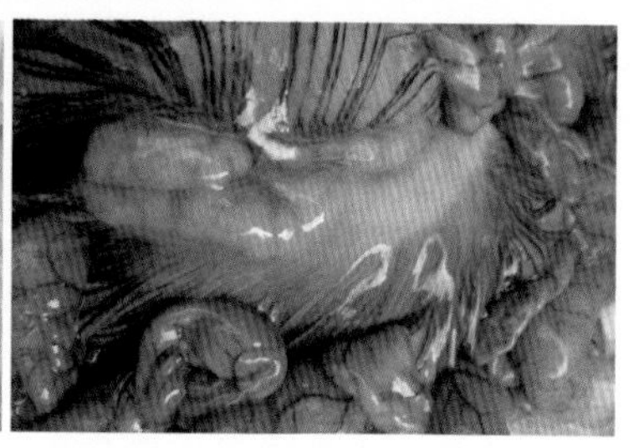
图 C6　肠系膜淋巴结有水肿无充血、淤血现象

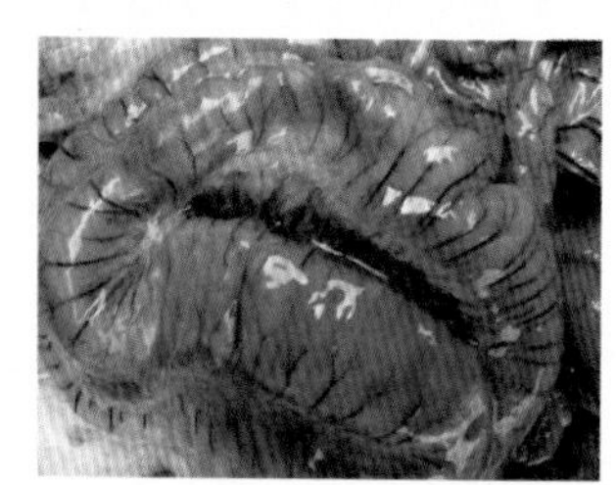
图 C7　大肠系膜胶冻状水肿

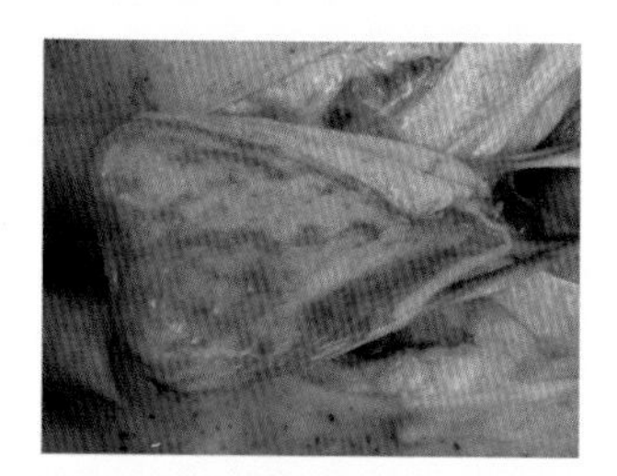
图 C8　膀胱壁充血、淤血或出血，水肿较轻

（五）综合防治措施

（1）补硒，缺硒地区每头仔猪断奶前补硒。合理搭配日粮，防止饲料中蛋白含量过高，适当搭配某些青绿饲料。

（2）静脉注射 50% 葡萄糖（40ml）+ 20% 磺胺嘧啶钠注射液（10ml）混合后一次静脉注射，15 千克体重的仔猪，一日一次，连用 3 天，同时肌肉注射适量速尿注射液。

（3）10% 葡萄糖酸钙注射液（10ml）+ 40% 乌洛托品注射液（2ml）混合后一次静脉注射，15 千克体重的仔猪，一日一次，连用 3 天。同时配合服用轻泻药物进行治疗效果更佳。

二、猪蓝耳病（猪繁殖与呼吸综合征）

（一）临床症状

突然出现厌食；打喷涕、咳嗽等类似流感的呼吸道症状；有的呼吸急促、体温升高。流涕、目光阴森（就是有的饲养人员说：猪用眼瞪我，就要坏事）。个别病猪，耳尖、耳边呈蓝紫色，四肢末端和腹侧皮肤有红斑、大的疹块和梗死，母猪乳头、阴门肿胀。

怀孕母猪在妊娠 100 ~ 112 天发生大批（20% ~ 30%）流产或早产，产下木乃伊胎、死胎和病弱仔猪，早产母猪分娩不顺，泌乳减少。病后恢复的母猪，有的呈现发情期明显延长。

哺乳仔猪：早产仔猪有的出生时立即死亡或出生后数天即死，有的可见腹泻，死亡率可达 35% ~ 100%。断奶仔猪：发病初期，病猪体温升高、口渴，在饮水器前拥挤抢饮，此时，测量体温明显升高，在 41℃左右。感染后大多数出现眼睑肿胀、呼吸困难、咳嗽、耳朵发绀。

育肥猪：表现轻度类似流感症状，厌食和轻度呼吸困难，懒惰、嗜睡。育肥猪高致病性蓝耳病，可见猪 3 天内全部发病，初期 1 ~ 3 天皮肤发红，减食，但扔进青菜或水果等青绿饲料，仍然慌忙抢吃；进而皮肤暗红 5 ~ 7 天，此时，扔进青菜或水果等青绿饲料，只是个别病猪懒洋洋地起来采食，后来全身紫红色，有的开始出现皮肤溃烂现象。其他症状有呼吸稍快，鼻炎，有鼻塞声，黏液性或脓性鼻液。粪便干硬，上附白色黏液，尿液黄色，行走时后肢不稳。体温升高在 41.5 ~ 42℃。公猪：食欲不振、乏力、嗜睡、精液品质下降。

（二）剖检变化

喉头和气管充血，切开气管内含大量泡沫。肺脏呈红褐花斑状，不塌陷，呈褐色，脾脏肿大，有梗死点。肾紫红色，有较密集的出血点。大部分病例胃、肠浆膜划痕状出血（能与猪瘟出血点相区别）。胃黏膜出血和溃疡。淋巴结髓样肿大，仔猪淋巴结褐色肿大，眼球结膜水肿。腹腔、胸腔和心包腔清亮液体增多。

产出的新鲜死胎肺脏呈红褐花斑状，不塌陷。淋巴结肿大，呈褐色，死胎外观和皮下水肿。腹腔、胸腔和心包腔可见清亮液体。死胎肾出血呈紫色。胎盘出血性炎症。

（三）临床实践

比较直观的判断猪蓝耳病的基本原则是，如果猪场在 14 天内出现下述临床指标中的 2 个，就可判定为该病疑似病例：①母猪流产或早产超过 8%；②死产占产仔数的 20%；③仔猪出生后 1 周内死亡率超过 25%。猪蓝耳病不可怕，应强调做好防疫消毒等工作，加强饲养管理。切忌大剂量、长时间用抗生素，这样会适得其反。也就是养猪户所说的“越打（针）越死，不打不死了”。多用些电解多维素等，对大群猪发病，采取一段时间放养，能大大降低死亡率。猪蓝耳病一般在怀孕后期流产，临床上，木乃伊胎较少见。死胎大多均匀和比较新鲜。虽然猪蓝耳病感染率较高，但这不等于猪耳发绀现象就是猪蓝耳病惹的祸。目前，一线临床中发现，猪瘟、仔猪副伤寒、弓形体病以及其他败血反应引起的发绀现象，被误诊为蓝耳病的概率相当高。以至于现在的兽医好混了，猪发病只管开药，一旦遇到难以治愈的猪病。就可以说“是高致病性猪蓝耳病，国家没有好办法，我也治不好”。怎么样？敷衍过去了。

（四）病例对照

下面用两个病例（A 组、B 组）对照一下，猪不同年龄发病临床和病理表现不同，A 组病例图片显示发病后期流产的经产母猪与所产死胎的症状和病变。图 A1 示流产母猪皮肤有淤血；图 A2 示后期流产胎儿整齐；图 A3 示肺淤血水肿；图 A4 示流产胎儿水肿；图 A5 示流产胎儿胸腔积液；图 A6 示流产胎儿肾

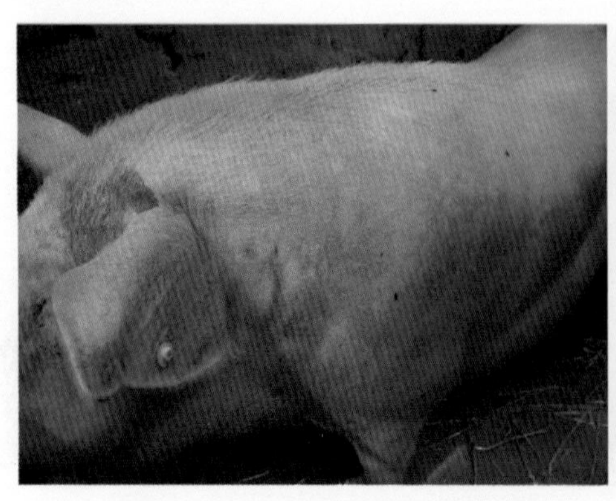

图 A1　流产母猪皮肤有淤血

图 A2　后期流产胎儿整齐

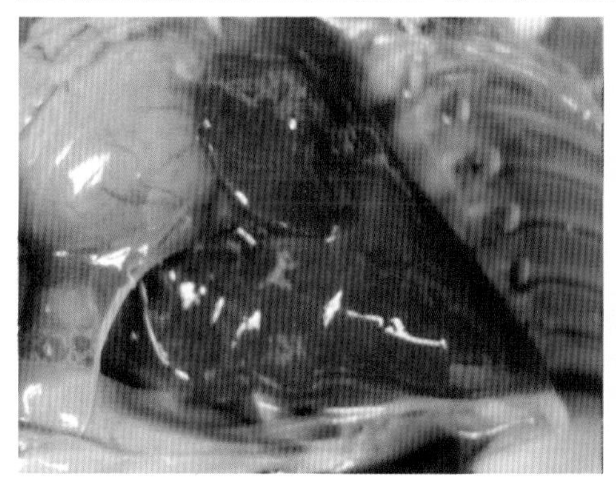

图 A3　肺淤血水肿

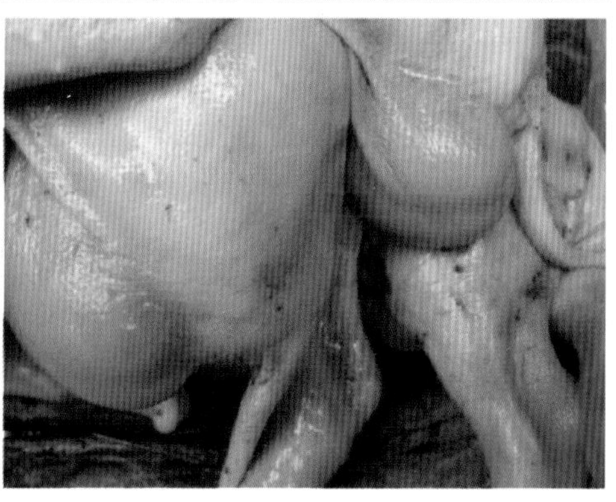

图 A4　流产胎儿水肿

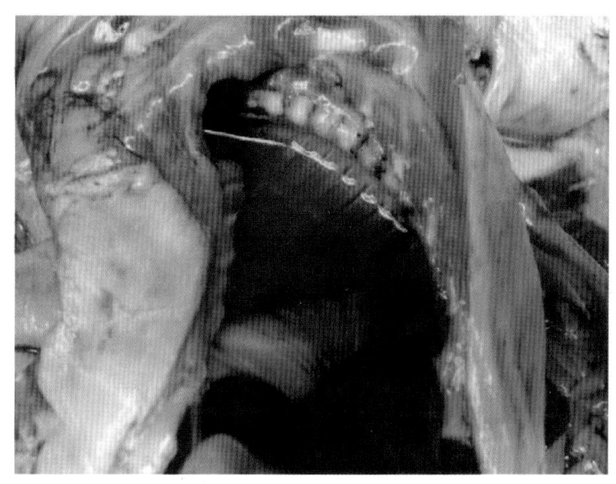

图 A5　流产胎儿胸腔积液

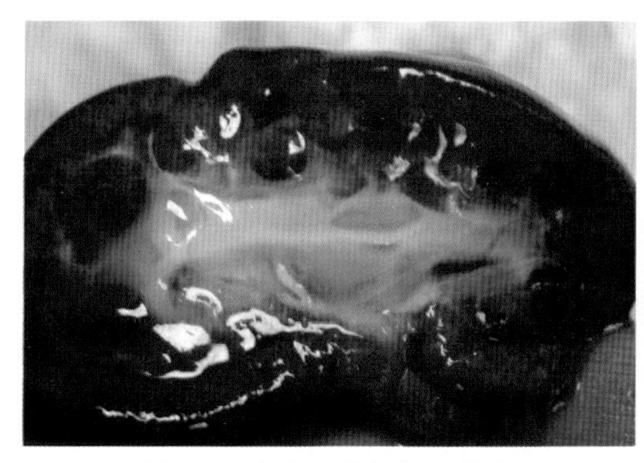

图 A6　流产胎儿肾切面模糊

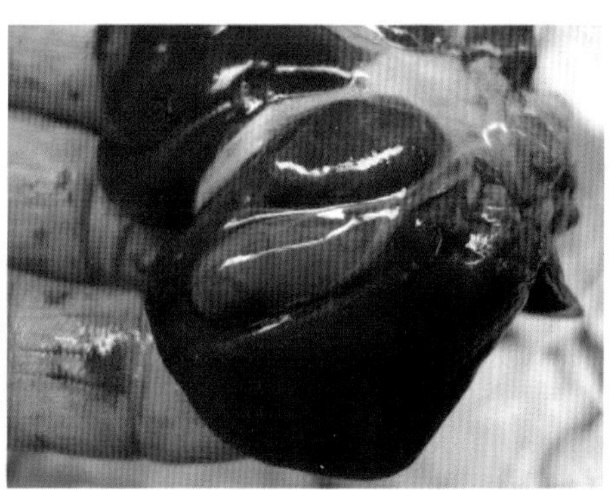

图 A7　肝淤血水肿，胆囊水肿

切面模糊；图 A7 示肝淤血水肿，胆囊水肿。

B 组图片示一般症状和病变：图 B1 示耳发绀；图 B2 示腿软；图 B3 示目光阴森；图 B4 示肠浆膜条纹性出血；图 B5 示肾淤血有出血点；图 B6 示肺肿大

图 B1　耳发绀

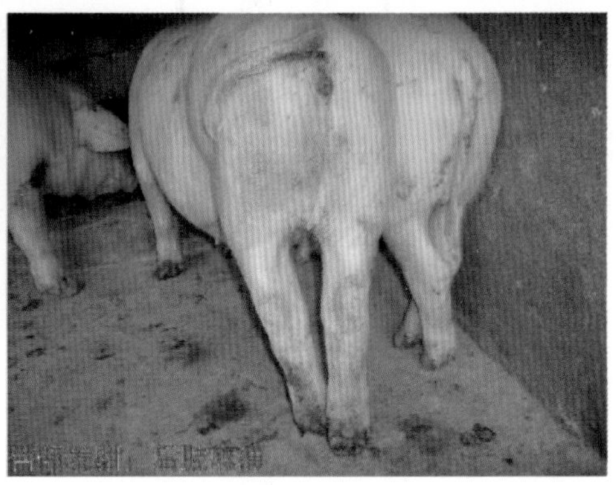
图 B2　腿软

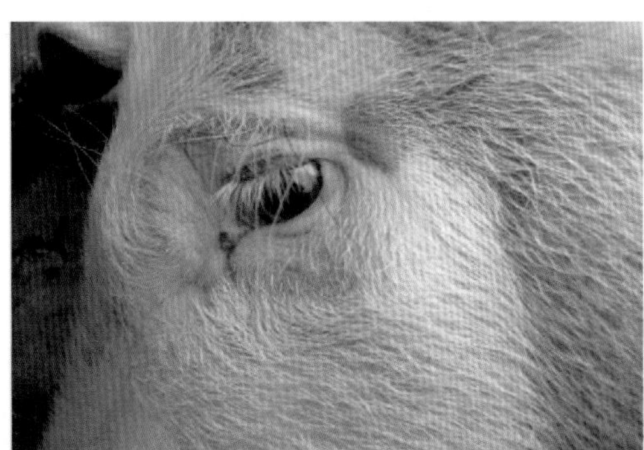
图 B3　目光阴森

图 B4　肠浆膜条纹性出血

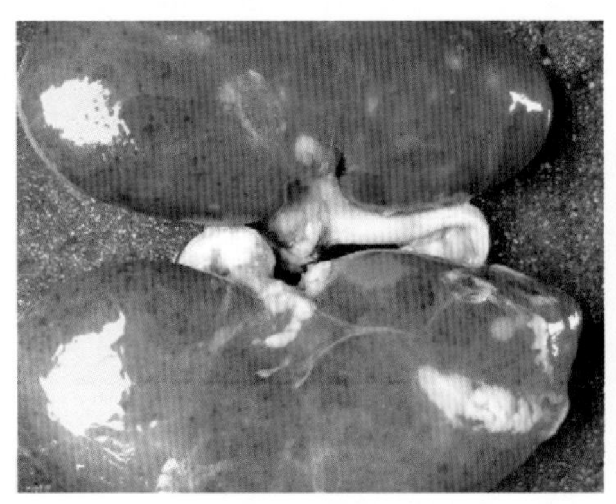
图 B5　肾淤血有出血点

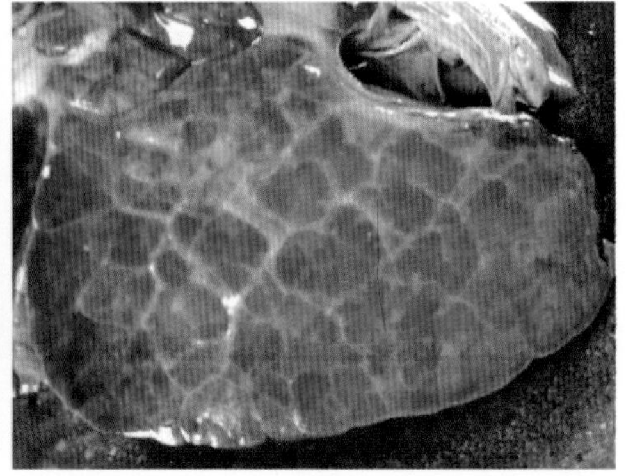
图 B6　肺肿大并出血

并出血；图 B7 示气管内积有泡沫状液体。

图 B7　气管内积有泡沫状液体

（五）防控措施

（1）严格落实综合防疫制度。实行自繁自养，清除传染源，切断传播途径。

（2）认真搞好各种猪病的计划免疫工作。国家已经把该病列入强制免疫病种，根据本场具体情况选用合适免疫程序。定期对免疫效果进行检测，及时加强免疫。

治疗：发病后，可用一疗程抗生素药物，防止激发感染。减少死亡，加快康复。切记不要长时间、大剂量投以抗生素药物，这样会适得其反。

三、猪瘟

（一）临床症状

猪瘟临床症状，受饲养管理、年龄、健康状况、免疫情况等多种因素影响，临床表现也不完全相同。最急性病例，为高热稽留，体温在41℃左右。大多数猪体温在40.5 ~ 42℃，稽留不退。黏液脓性眼结膜炎。精神沉郁，食欲废绝，粪便呈干粒状，后期便秘和腹泻交替出现。深绿色下痢。有的病猪出现神经症状，运动失调，痉挛，后肢麻痹，步态不稳。腹下、耳和四肢内侧皮肤病初充血，随着病情的发展，皮肤呈发绀和出血斑点。怀孕母猪会流产或生下弱小、颤抖小猪。

慢性病例症状与急性相似，只是病程长可达1 ~ 2个月或更长，便秘与腹泻交替，病情时好时坏。妊娠母猪感染后有的不表现症状，但病毒通过胎盘传给胎儿，引起流产、死胎、畸形、胎儿木乃伊化或产下的仔猪体质虚弱，出现震颤，最后死亡。

（二）剖检变化

急性猪瘟：全身皮肤、皮下、黏浆膜及内脏有出血点是其特征。淋巴结周边出血，切面大理石状。喉头黏膜、会厌软骨、膀胱黏膜，心外膜、肺及肠浆膜、黏膜有斑点状出血；脾脏不肿大，常见边缘出血性梗死，是特征性病变，最具诊断意义。肾颜色变淡，表面有针尖大小出血点；胆囊、扁桃体和肺也可发生梗死。

慢性型：在盲肠、结肠及回盲口处黏膜上形成有扣状溃疡；大肠黏膜出血和坏死。

迟发性：怀孕母猪流产胎儿木乃伊化、死产和畸形；死产胎儿全身性皮下水肿，胸腔和腹腔积液；初生后不久死亡的仔猪，皮肤和内脏器管常有出血点。

（三）临床实践

该病流行不分年龄，若无继发或混合感染的，一般不表现呼吸困难。断奶前后发病的猪，有部分病例皮肤不发绀，而表现苍白，苍白的皮肤上有多量红色出血点和青紫色“胎记”状斑点。脾脏边缘的梗死最具诊断意义，但是由于猪瘟疫苗广泛使用，近几年在临床剖检工作中很难见到此病变。与猪蓝耳病区别是，猪蓝耳病体表淋巴结明显肿大。近几年，有人对已经发病猪，用大剂量猪瘟活疫苗干扰，好像有一定疗效，但不确切，理论上是否能站得住脚，还有待商榷。近几年在临床诊疗中发现，部分散养户不重视猪瘟疫苗的免疫接种，有的竟然说现在没有猪瘟了，都是高热病了，这种说法是很危险的，这种情况说明需要畜牧兽医人员做好防疫技术推广工作。

（四）病例对照

提起猪瘟，我们都知道该病皮肤发绀和出血。但从以下 A、B、C、D 四组病例（图 A1、图 B1、图 C1、图 D1）的 4 张显示皮肤的图片中，我们可以看到图

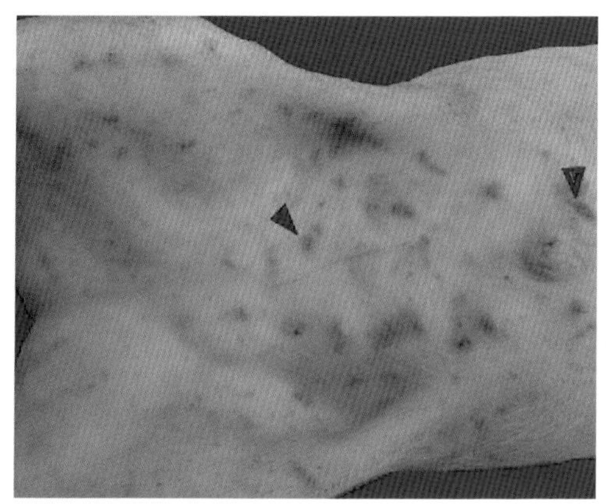

图 A1　皮肤出血斑点

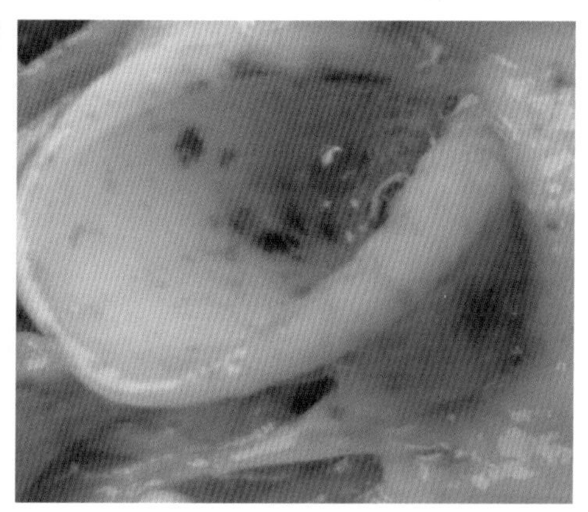

图 A2　喉头会厌软骨出血斑

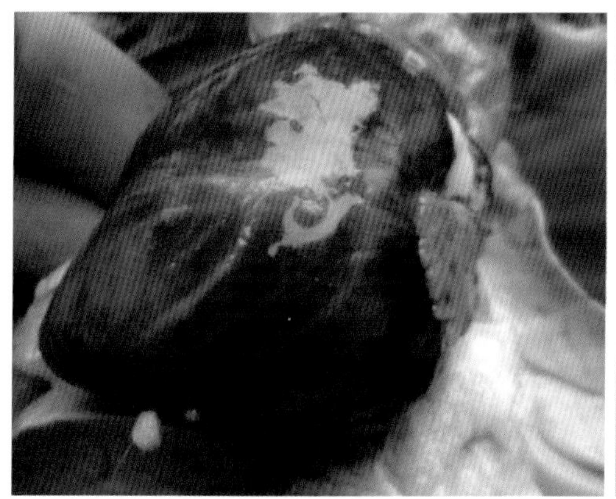

图 A3　心肌弥漫性出血

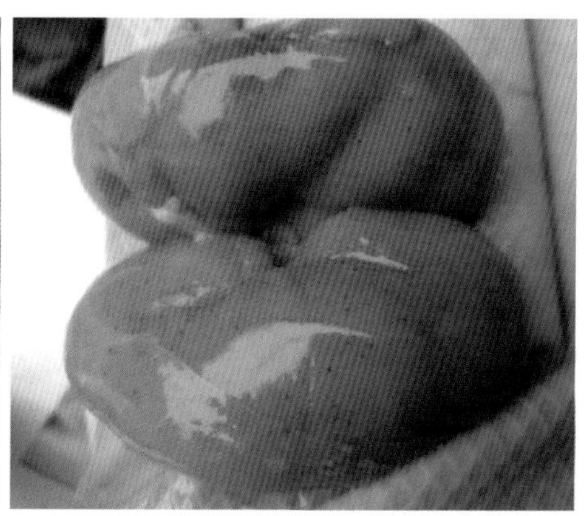

图 A4　肾脏贫血有出血点

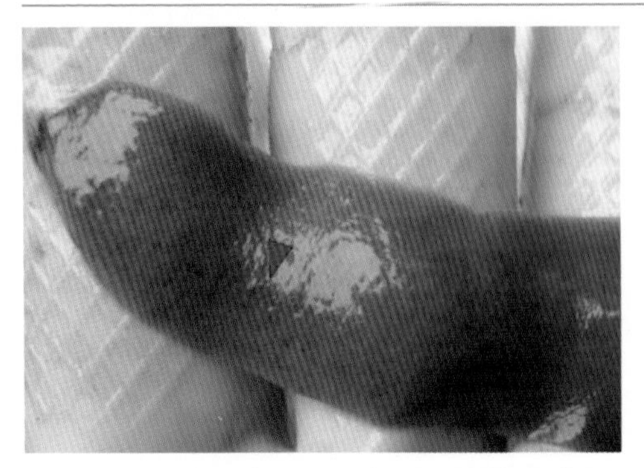
图 A5　脾脏未见明显梗死，有出血点

A1、图 B1、图 D1 皮肤却苍白，图 A1 苍白的皮肤上有青紫色“胎记”状斑点，图 B1 有蓝紫色斑点和“胎记”状瘀斑；图 C1 皮肤发绀并出血；图 D1 病仔猪耳、背部、腿内侧等处皮肤有多量出血斑点，病猪顽固性腹泻，虽用多种药物均无效。

图 A2、图 B2、图 C2 显示不同病例中的喉部出血斑；但是图 D2 病猪活体放血后，其会厌处无出血，这种现象在猪瘟剖检中少见。图 A3、图 B3、图 C3 显示不同病例中的心肌出血

图 A6　膀胱黏膜出血

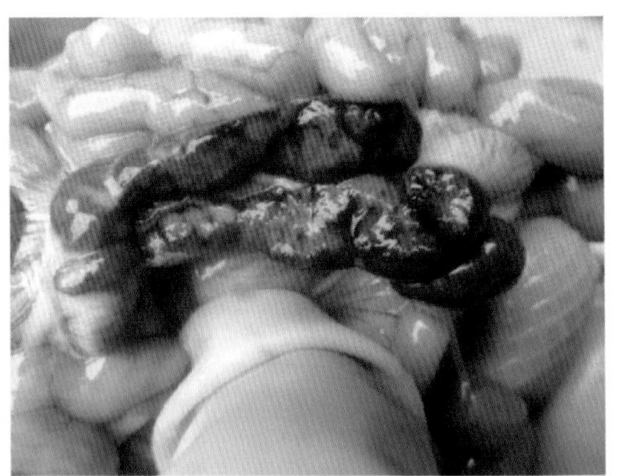
图 A7　淋巴结大理石状

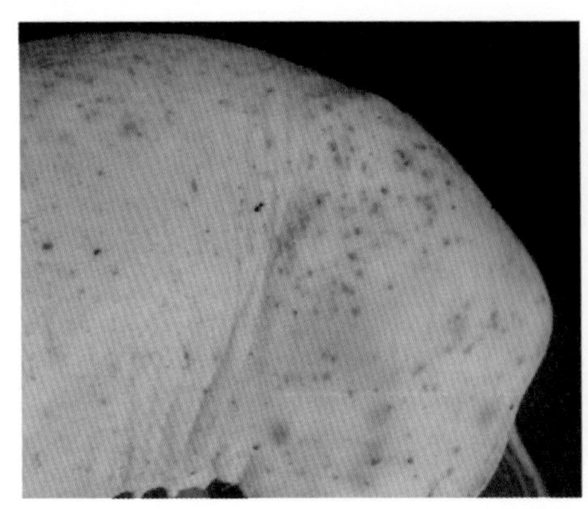
图 B1　皮肤出血斑点

图 B2　喉头会厌出血斑

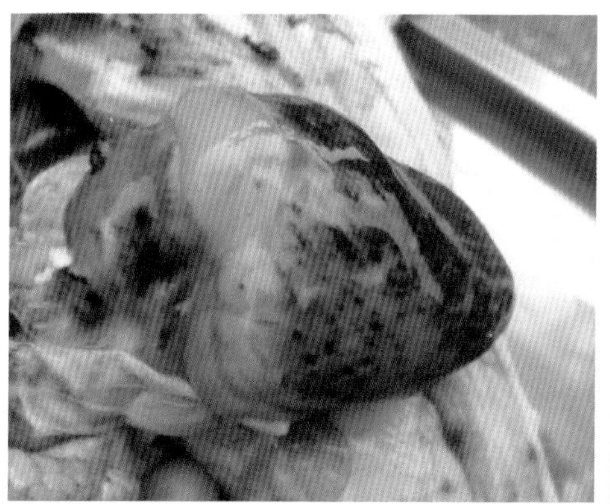
图 B3　心肌出血斑点

图 B4　肾脏贫血有出血点

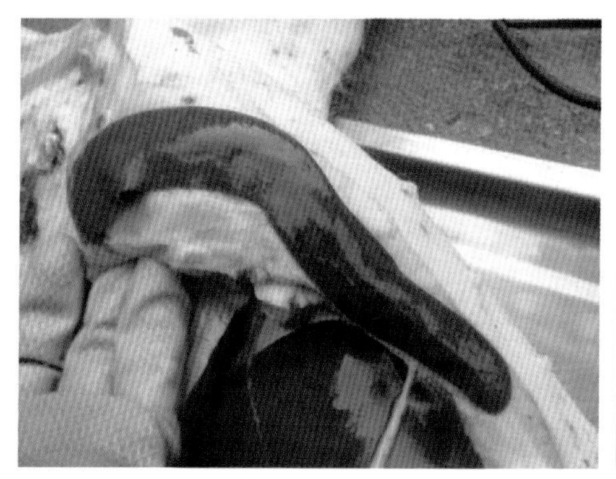
图 B5　脾脏未见明显梗死，有出血

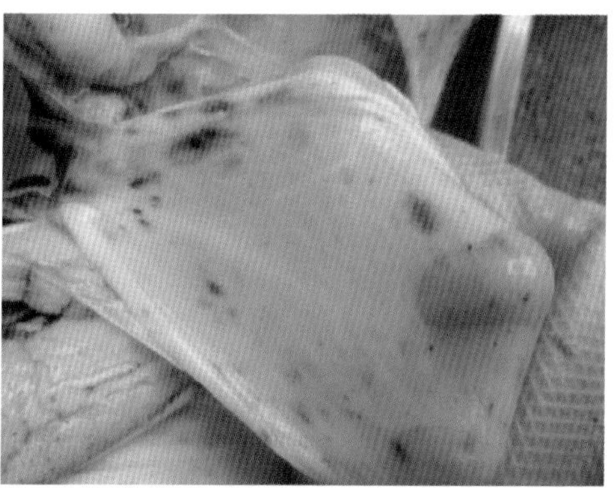
图 B6　膀胱黏膜出血

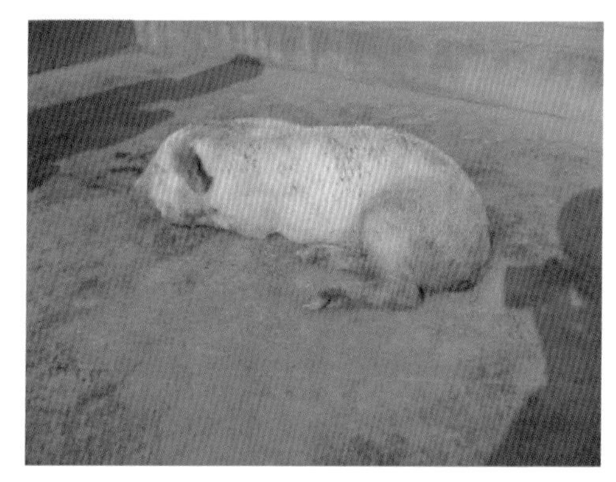
图 B7　淋巴结大理石状

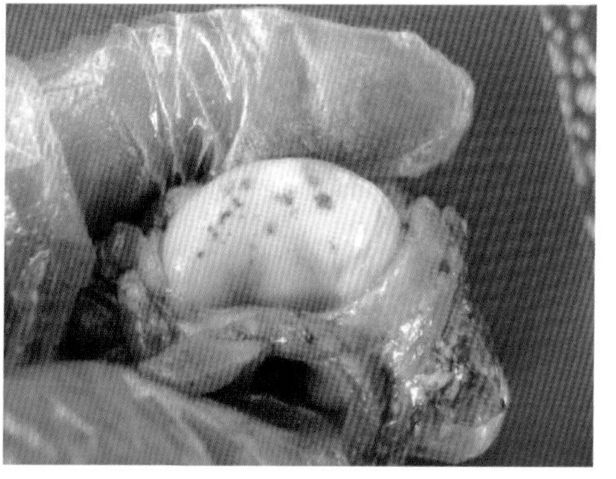
图 C1　皮肤出血发绀

的变化；但是，图 D3 病猪活体放血后，心脏柔软呈囊状。图 A4、图 B4、图 C4、图 D4 示不同病例中肾脏出血的变化，不过图 A4、图 B4、图 C4 示肾脏点状出血，而图 D4 活体放血后，肾脏虽然出血，但不是点状；图 A5、图 B5、

图 C2　喉头会厌出血斑

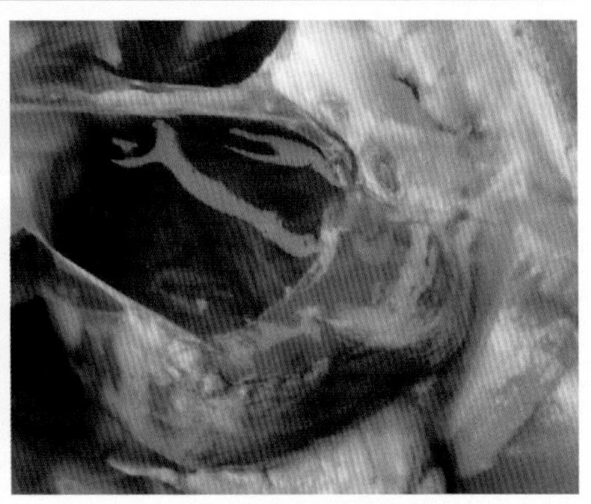

图 C3　心肌弥漫性出血

图 C4　肾脏贫血有出血点

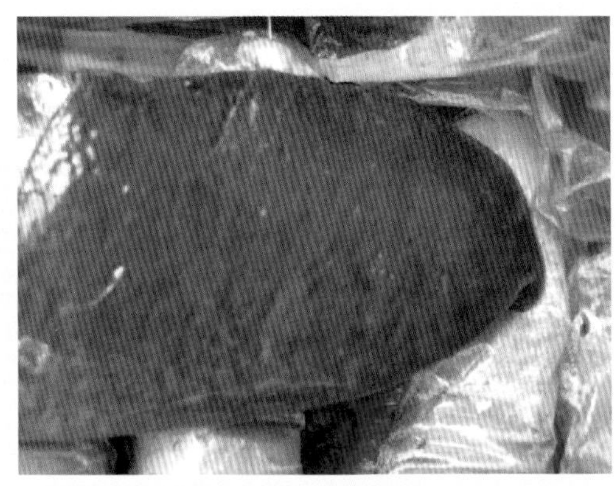

图 C5　脾脏未见明显梗死，有出血斑

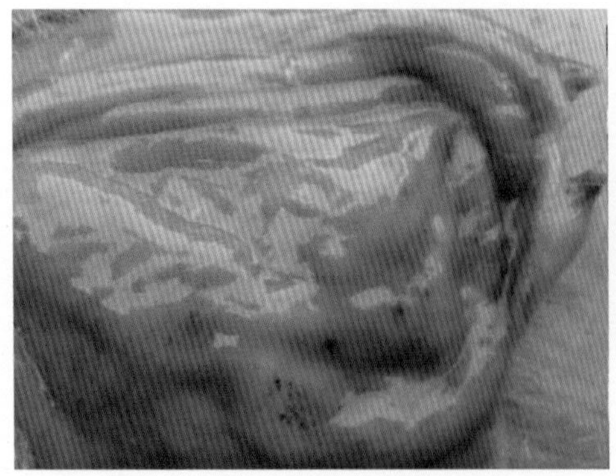

图 C6　膀胱浆膜、黏膜均出血

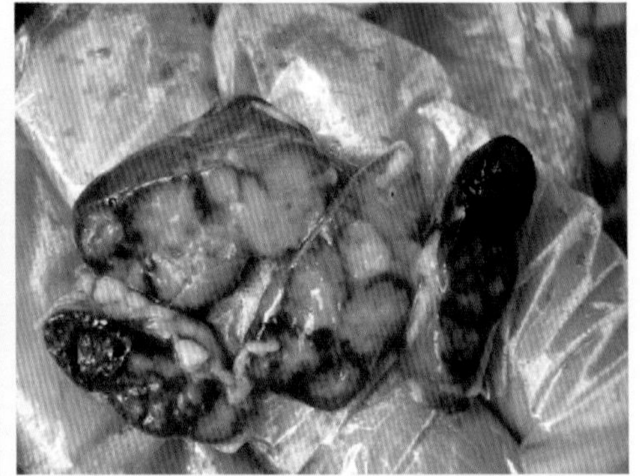

图 C7　淋巴结大理石状

图 C5、图 D5 示不同病例中脾脏的病变，只有图 D5，有猪瘟特征性病变“脾脏梗死”。关于病变脾梗死值得说明的是并非唯一特征性病变，例如近几年发

图 D1　病仔猪耳、背部、腿内侧等处皮肤有多量出血斑点，病猪顽固性腹泻，各种药物均无效

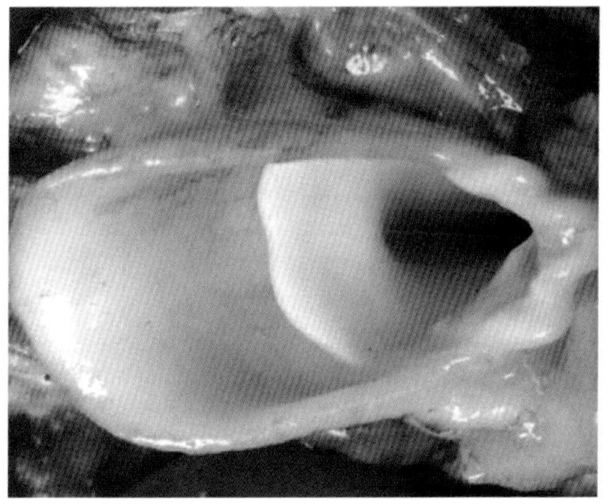

图 D2　活体放血后，会厌处无出血，这种情况猪瘟剖检中少见

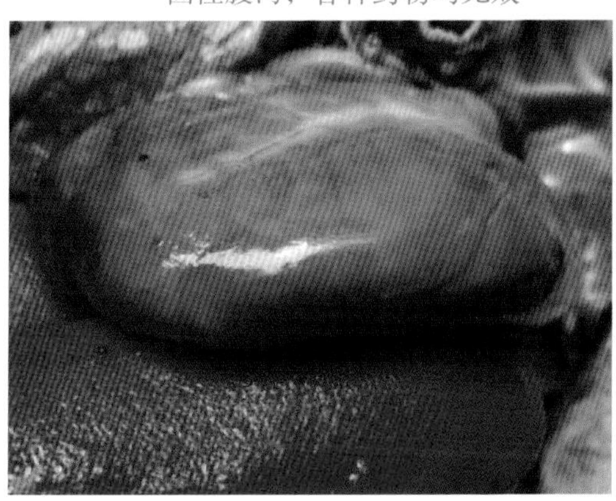

图 D3　活体放血后，心脏柔软囊状

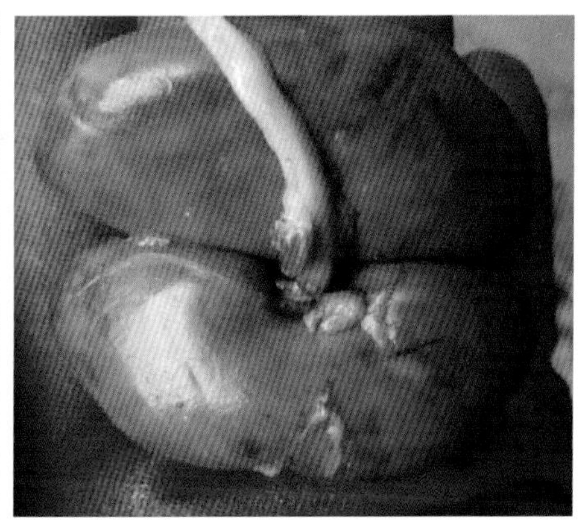

图 D4　活体放血后，肾脏出血但不是点状

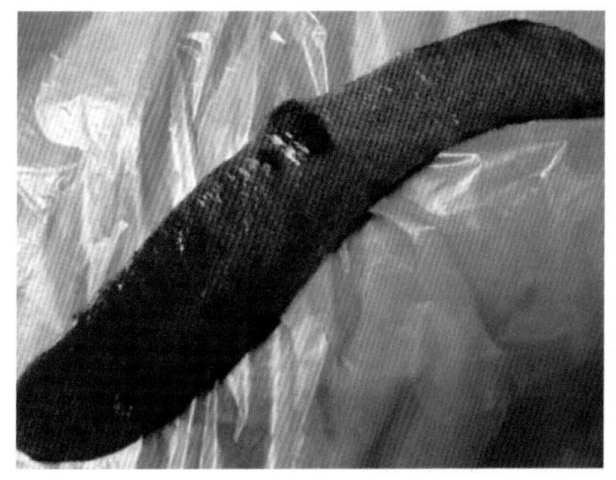

图 D5　活体放血后，最具特征的病变脾梗死

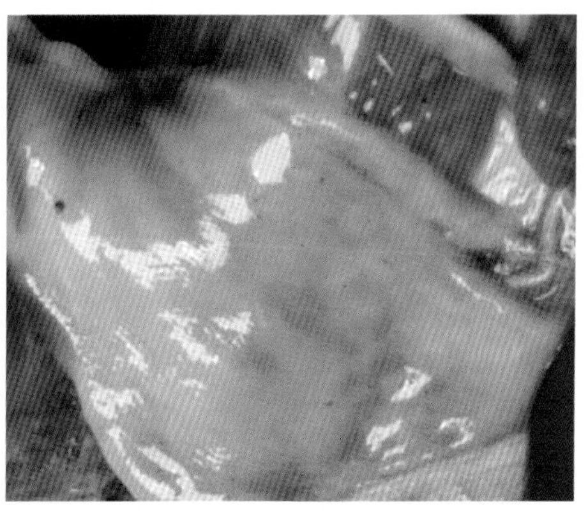

图 D6　活体放血后，膀胱黏膜充血

现的猪瘟病例中其他器官病变较典型，而脾脏的梗死很少见，这在诊断中需要注意；图 A6、图 B6、图 C6、图 D6 示不同病例中的膀胱黏膜出血点；而图 D6 活体放血后，膀胱黏膜只见充血；图 A7、图 B7、图 C7、图 D7 示不同病例中的淋巴结周边出血“大理石样”变化。而图 D7 示活体放血后，肠系膜淋巴结只有轻度出血；图 D8 示活体放血后，肺有大量针尖状出血点。

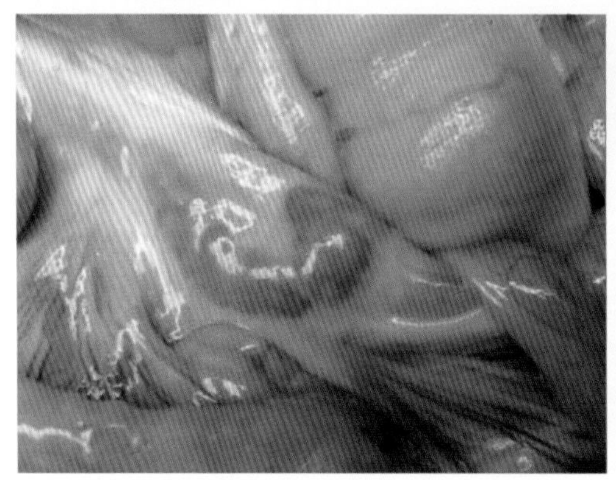
图 D7　活体放血后，肠系膜淋巴结轻度出血

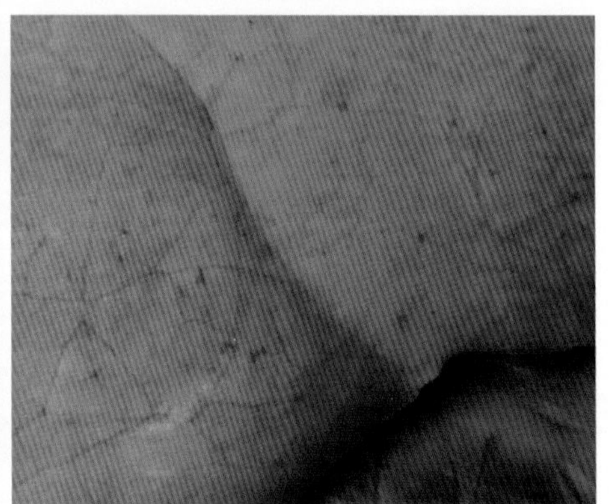
图 D8　活体放血后，肺有大量针尖状出血点

（五）防控措施

（1）该病无特效药物治疗，主要靠预防。制定科学合理的免疫程序，一般仔猪 30 日龄首免，60 日龄时加强一次。免疫剂量，目前实际防疫过程中大多加量到 4 头份。疫区可倡导乳前免疫接种，以免受母源抗体干扰。种猪免疫接种每年两次，定期进行。

（2）平时加强饲养管理，搞好环境卫生消毒工作，切断传播途径。

（3）发生猪瘟时，应迅速对病猪进行隔离、消毒，并按照《动物防疫法》有关规定，进行处理。

（4）猪瘟疫区或受威胁区应用大剂量猪瘟疫苗 5 ～ 10 份 / 头，进行紧急接种。

四、猪圆环病毒相关疾病

（一）断奶仔猪多系统衰竭综合征

（1）断奶仔猪多系统衰竭综合征，主要侵害 5 ～ 12 周龄的猪，哺乳仔猪很少发病。临床上发病猪为进行性消瘦、生长发育不良，初期发热咳嗽还表现呼吸困难、喜卧、腹泻、贫血、出现部分黄疸。全身淋巴结肿胀，而腹股沟淋巴结外观最为明显。

（2）剖检变化。淋巴结肿大，特别在腹股沟淋巴结、肺门淋巴结和肠系膜淋巴结、颌下淋巴结，严重时可肿大 3 ～ 5 倍或更大；肝表面有坏死灶、肝小叶不清；肺炎、弥漫性充血、肺小叶间隔增宽。

（二）猪皮炎和肾病综合征

（1）体温升高至 41.5 ℃，皮下水肿，典型的皮肤损害，皮肤发生瘀血点和瘀血斑，呈紫红色。

可视的浅表淋巴结肿大 3 ～ 4 倍。可出现黄色胸水或心包积液。肾脏呈肾小球性肾炎和间质性肾炎，表面可见瘀血点。病情严重者出现下痢和呼吸困难。

（2）剖检变化。内脏和外周淋巴结肿大到正常体积的 3 ～ 4 倍，切面为均匀的白色。肺部有灰褐色变性炎症和肿胀，呈弥漫性病变，坚硬似橡皮样。肝脏呈浅黄到橘黄包外观，萎缩。肾脏水肿，苍白，被膜下有浅白色坏死灶（俗称“花斑肾”）。脾脏轻度肿大，质地如肉。胰腺、小肠和结肠也常有肿大、坏死病变。

（三）临床实践

近几年猪圆环病毒相关疾病发病率比较高，断奶仔猪呈进行性消瘦，该症状与很多慢性病或营养性疾病类似。特别是皮炎型，值得一提，相当一部分养殖场户，只要看到猪皮肤有斑疹，就不假思索地说是“猪圆环病毒”。殊不知像猪痘、疥癣、湿疹、过敏、中毒以及某些慢性疾病都能引起斑疹。因此，诊断时一定要综合考虑。虽然易于混淆，但与其他类症疾病相比，该病特点是体表淋巴结，特别是腹股沟淋巴结显著肿大。该病与副猪嗜血杆菌病类似，但副猪嗜血杆菌病除淋巴结肿大外，还伴随关节肿大、脑膜炎、心包炎等症状和病变。

（四）病例对照

猪圆环病毒相关疾病一般在临床上分为猪皮炎肾病综合征、断奶仔猪多系统衰竭综合征两种情况。图 A1 显示猪皮炎和肾病综合征的皮炎变化；图 B1 断奶仔猪多系统衰竭综合征的消瘦和贫血变化；图 A2、图 B2 显示两种病型腹股沟淋巴结都明显肿大；图 A3 显示心内膜出血斑，图 B3 显示心脏表面粗糙；图 A4 显示间质性肺炎，图 B4 示肺水肿发白，似在水中长时间浸泡过；图 A5 示肝脏呈浅黄色，外观萎缩，图 B5 示肝脏色淡小叶不清；图 A6 示脾脏肿大脾头出血，图 B6 示脾脏肿大切面肉状；图 A7 示肾苍白和黄染，图 B7 示肾水肿花斑状；图

图 A1　皮肤发生瘀血点和瘀血斑，呈紫红色

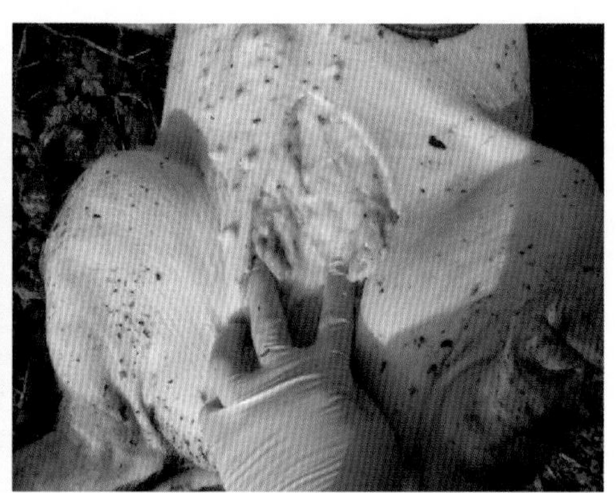

图 A2　腹股沟淋巴结灰白色肿大

图 A3　有的病猪心肌有出血斑点

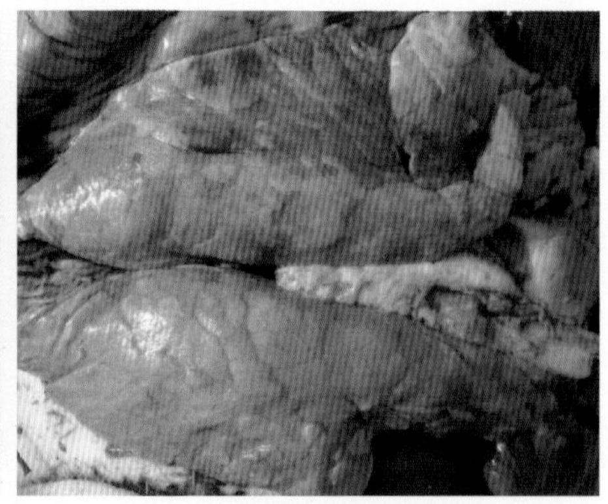

图 A4　肺小叶间隔增宽

A8 示腹股沟淋巴结白色水肿周边呈黄色，图 B8 示肠系膜淋巴结肿胀，苍白或黄白色切面多汁。

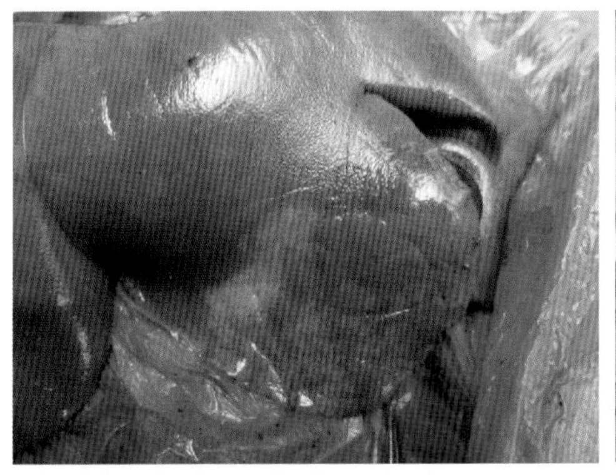

图 A5　肝脏呈浅黄到橘黄包外观，萎缩

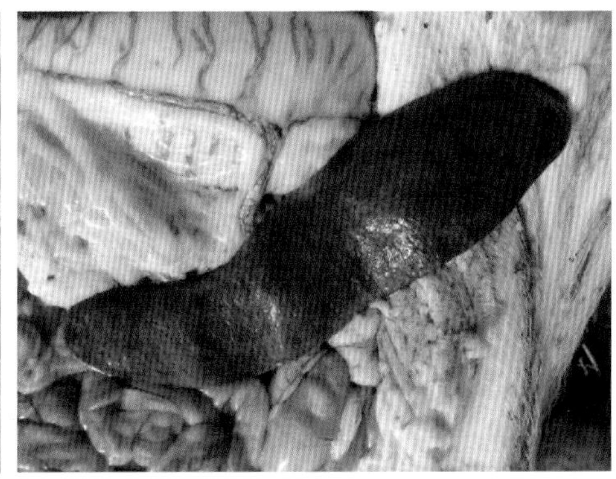

图 A6　脾脏肿大脾头出血

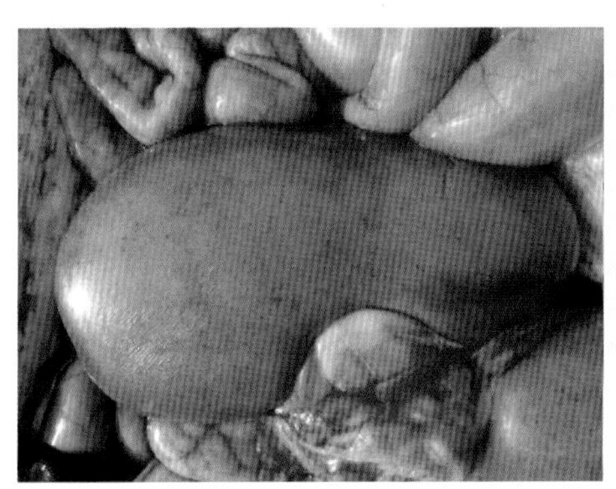

图 A7　肾苍白和黄染

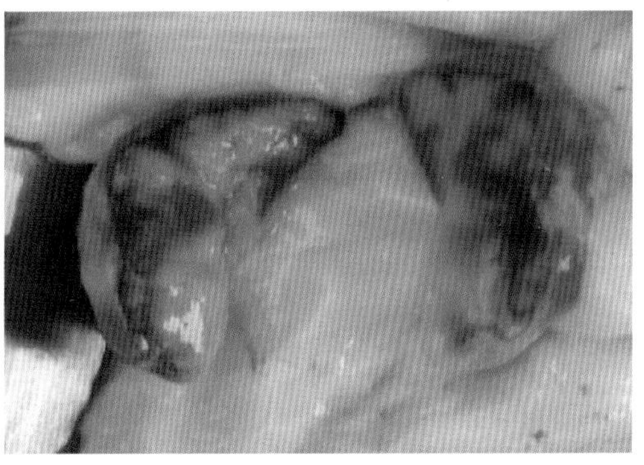

图 A8　腹股沟淋巴结白色水肿周边呈黄色

图 B1　进行性消瘦、皮肤苍白

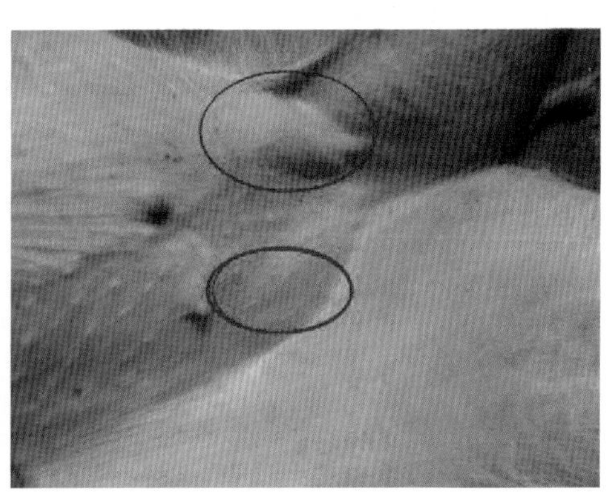

图 B2　腹股沟淋巴结肿大 2 ~ 5 倍

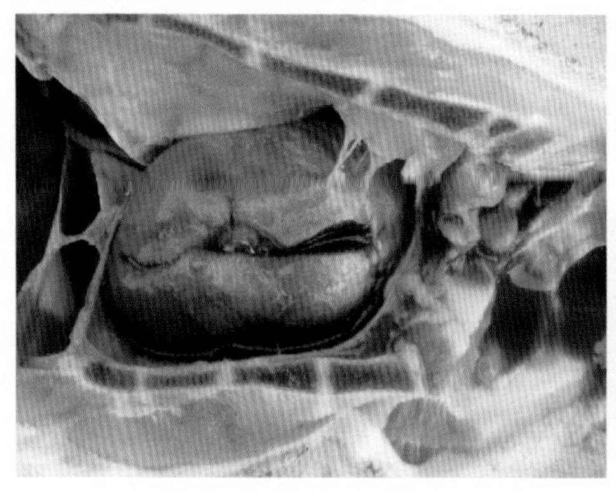

图 B3　心脏表面粗糙

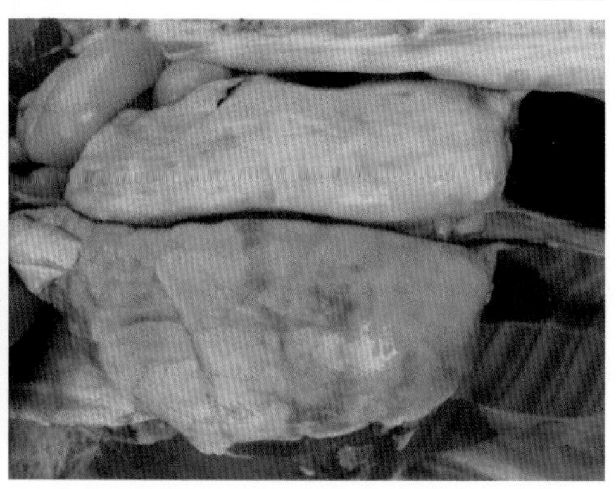

图 B4　肺水肿苍白色

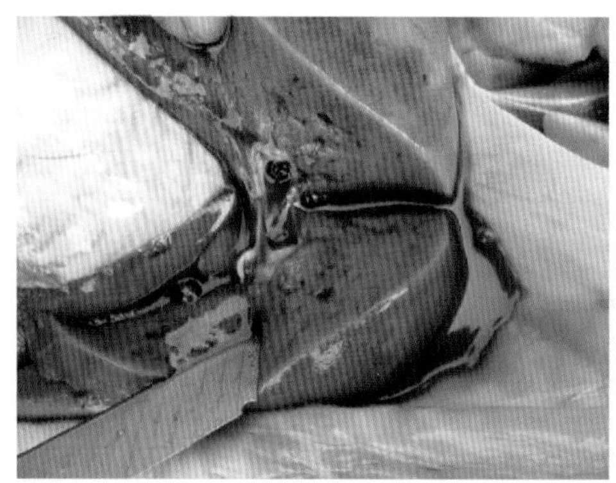

图 B5　肝脏色淡小叶不清

图 B6　脾脏肿大切面肉状

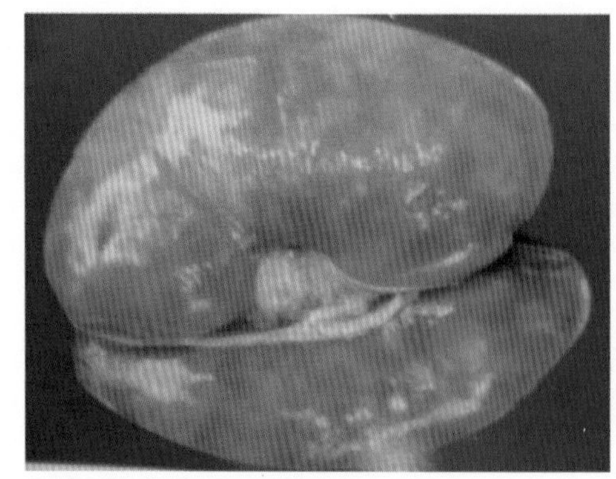

图 B7　肾水肿花斑状

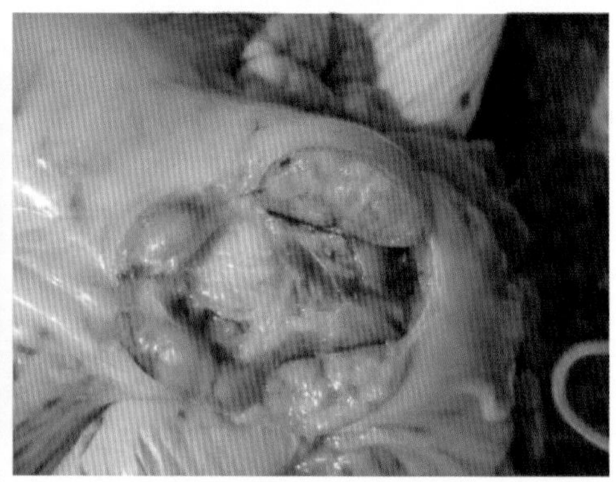

图 B8　肠系膜淋巴结肿胀，苍白或黄白色切面多汁

（五）防控措施

（1）搞好环境卫生消毒工作。做好免疫接种工作。目前，已经有商品化疫苗供应。

（2）加强饲养管理，降低饲养密度，提供营养全面的饲料。尽可能减少断奶仔猪的应激（断奶、突然更换饲料、转群、免疫接种和并窝等）。

（3）做好其他猪传染病的免疫工作。据报道，目前世界各国控制该病的经验是对共同感染源作适当的主动免疫和被动免疫。所以，做好猪场猪瘟、伪狂犬病、猪细小病毒病、气喘病和猪蓝耳病等疫苗的免疫接种，确保胎儿和吮乳期仔猪的安全是关键。因此，根据不同的病原和不同的疫苗对母猪实施合理的免疫程序至关重要。

治疗：猪圆环病毒病相关疾病属于典型的免疫抑制性疾病，目前尚无特效治疗药物。发病后适当投喂抗生素药物防止激发感染的同时，可提高治愈率、减少死亡率。另外，采取放牧的方法，经过一段时间可很快康复，只有少部分猪死亡，同时又降低了药物用量和人力（天天打针）、财力（花钱购药）的投入。

五、猪链球菌病

（一）临床症状

猪链球菌病在临床上分急性败血型、脑膜炎型、关节炎型和淋巴结脓肿型。

急性败血型：病猪体温高达 41 ~ 43℃，精神不振，眼结膜充血，流泪，流鼻液，有的有咳嗽和呼吸困难症状。耳、颈、腹下皮肤瘀血发绀，腹下、后躯紫红色斑块即“刮痧状”。

脑膜炎型：有神经症状，主要表现为运动失调，游泳状运动。眼结膜发绀，个别病猪濒死前，其天然孔流出暗红血液。

关节炎型：关节肿大或跛行。有时转为急性，突然爬行或不能站立时，就很快死亡。淋巴结脓肿型：可见颌下、腹股沟淋巴结脓肿。

（二）剖检变化

病猪表现全身各器官充血、出血。肺、淋巴结、关节有化脓灶。鼻、气管、胃、小肠黏膜充血及出血。胸腔、腹腔和心包腔积液，并有纤维素性渗出物。脾脏肿大、暗红色。肾肿大、充血、出血，膀胱积尿。脑膜充血或出血。心内膜炎，心瓣膜上的疣状赘生物病变呈菜花样。链球菌心内膜炎和关节炎病变症状类似于猪丹毒。

（三）临床实践

阉割、咬尾等外伤后，易经伤口感染。脑膜炎型病猪，有耳朝后症状。神经症状间歇时，可见眼球震颤。一旦有响声刺激，马上进入游泳状运动状态，此时眼半闭或全闭，上下眼睑不停地颤动。近几年，对链球菌性脑膜炎，用 50% 葡萄糖注射液加入安定注射液适量、大剂量磺胺嘧啶注射液、葡萄糖酸钙注射液分别静脉注射，取得了较满意的治疗效果，大家不妨一试。

（四）病例对照

从 A、B、D 三组图片看，猪链球菌病出现皮肤充血和出血是主要特征，而

C 组皮肤苍白，这也可能与咬尾出血过多有关。图 A1 示病猪耳、脊背、臀部有刮痧状出血，B1、D1 示表现全身弥漫性充血、出血。C1 示咬尾感染，皮肤苍白，关节肿胀；不同型病例心脏病变差别较大。图 A2、图 B2、图 C2 三病例心肌都有不同程度的出血，D2 示心内膜赘生物；不同型病例肺脏病变差别较大。图

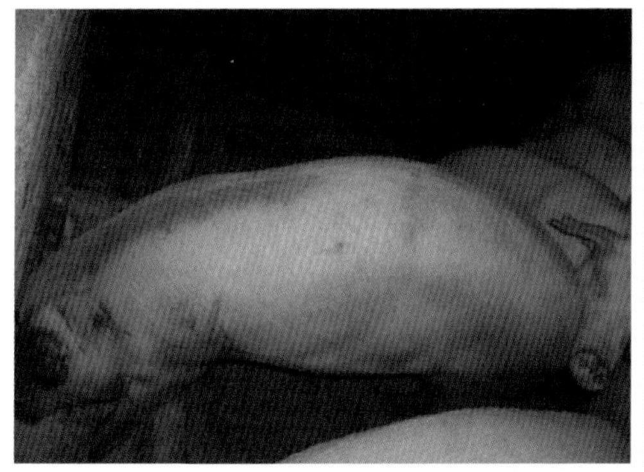

图 A1　病猪耳、脊背、臀部有刮痧状出血

图 A2　心肌出血

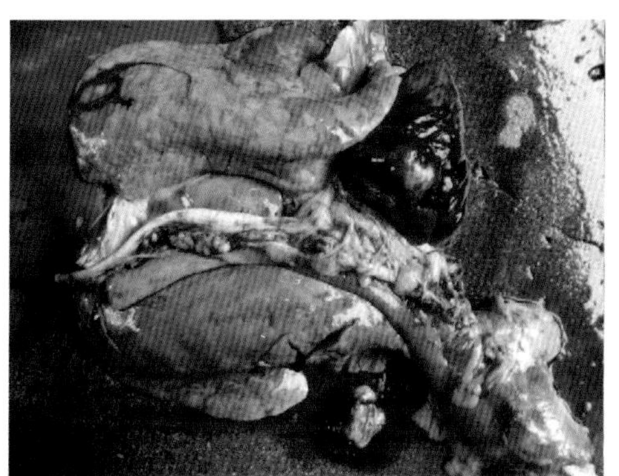

图 A3　肺充血出血

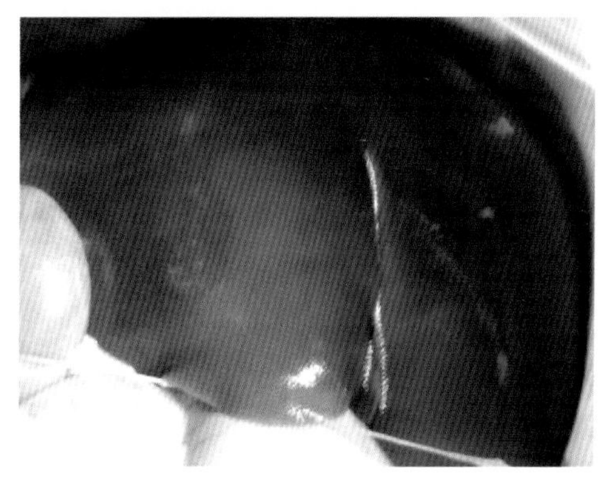

图 A4　肝脏有云雾状白斑

图 A5　图肾脏出血

图 A6　脾脏肿大暗红色

图 A7　膀胱积尿

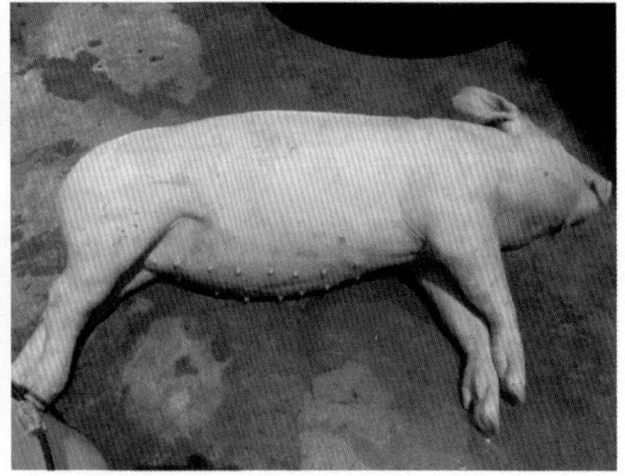

图 B1　全身弥漫性充血、出血

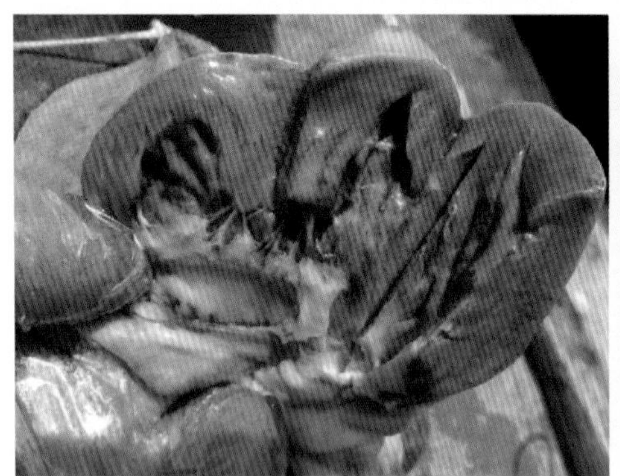

图 B2　心内膜出血

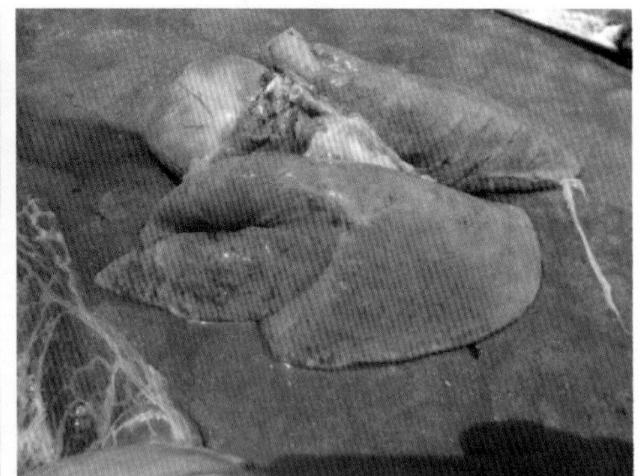

图 B3　肺水肿并出血

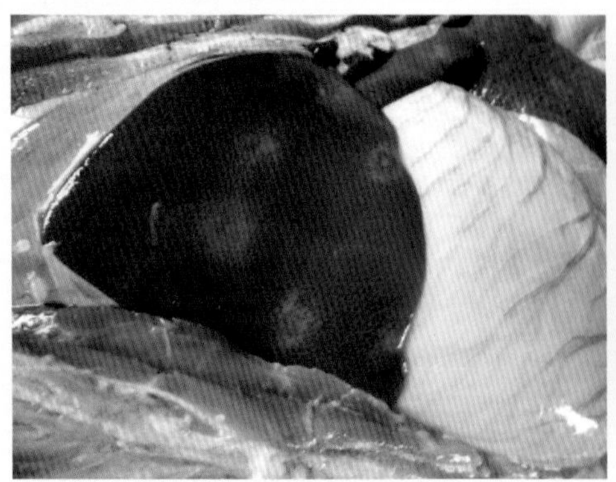

图 B4　肝脏有云雾状白斑

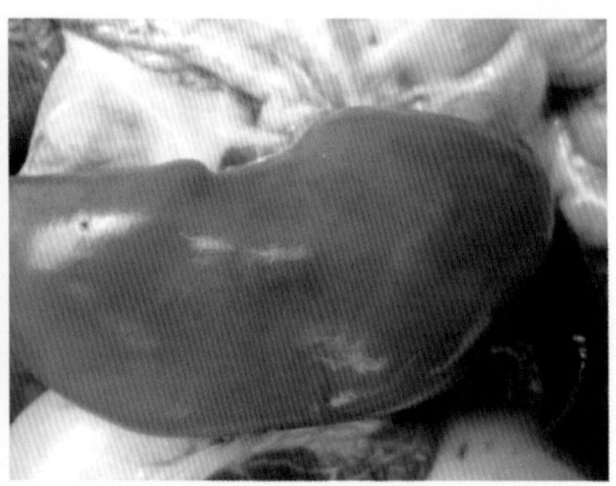

图 B5　肾脏出血

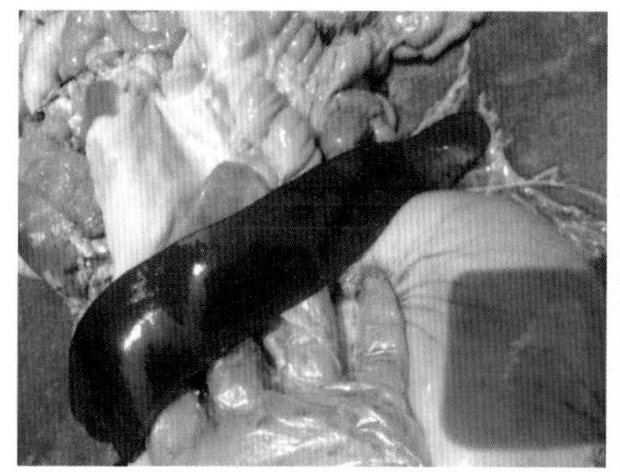

图 B6　脾脏肿大暗紫色

图 B7　膀胱积尿

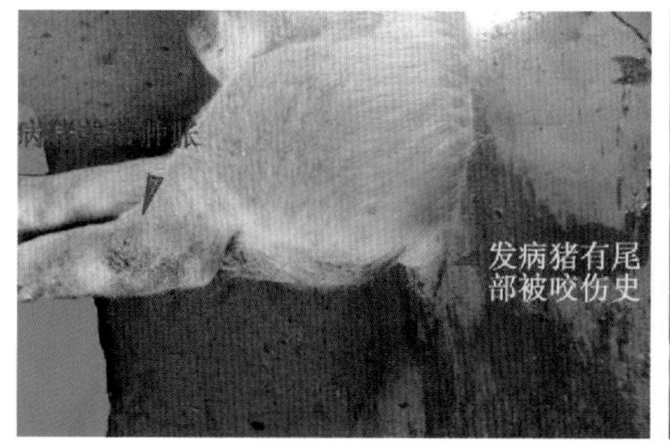

图 C1　咬尾感染，皮肤苍白，关节肿胀

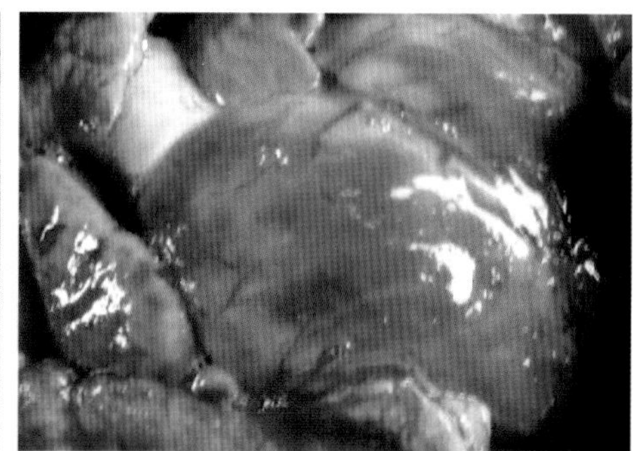

图 C2　心肌出血

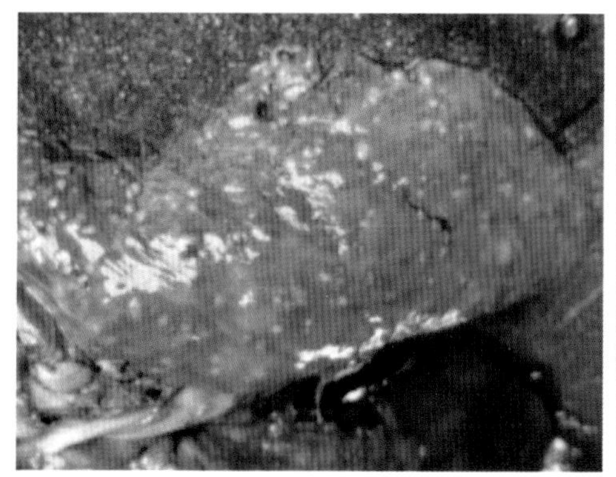

图 C3　肺脓肿

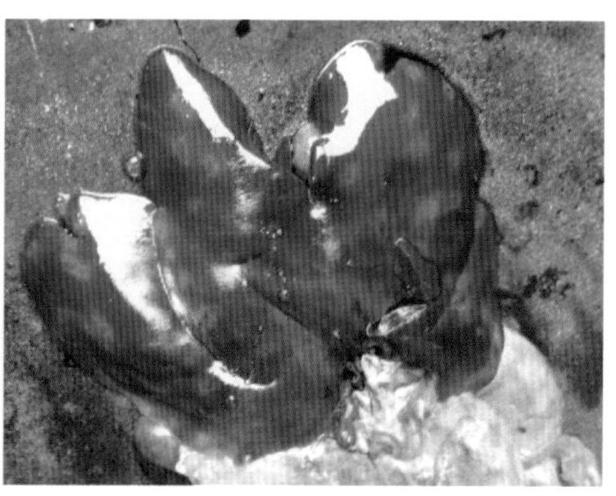

图 C4　肝脏有云雾状白斑

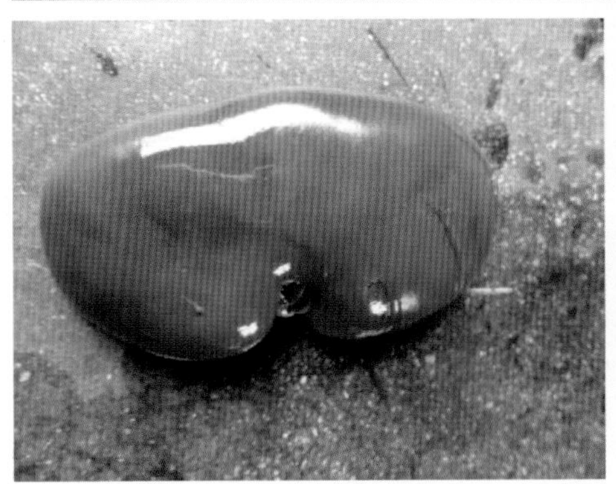

图 C5　肾脏出血

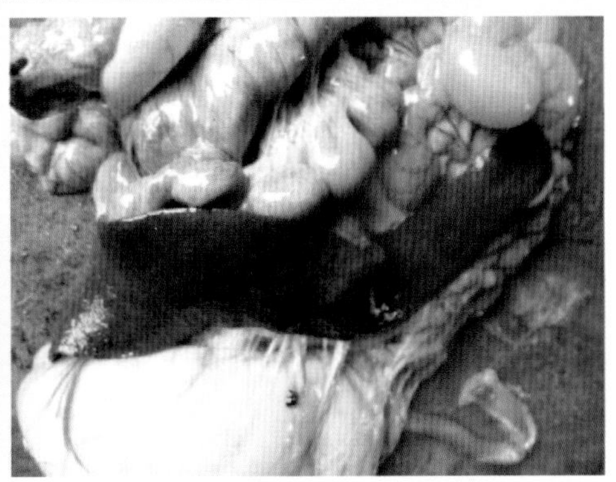

图 C6　脾脏肿大暗紫色

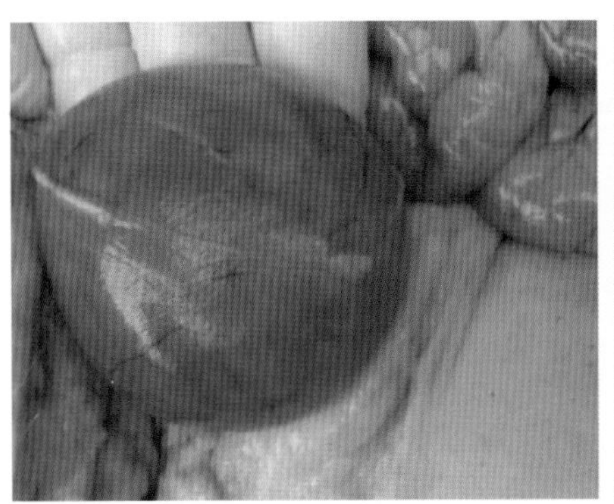

图 C7　膀胱积尿

图 D1　皮肤颜色不一，有发绀、有苍白

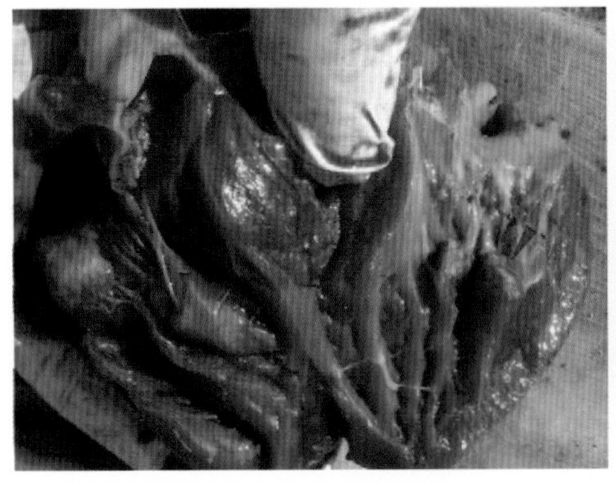

图 D2　心内膜赘生物

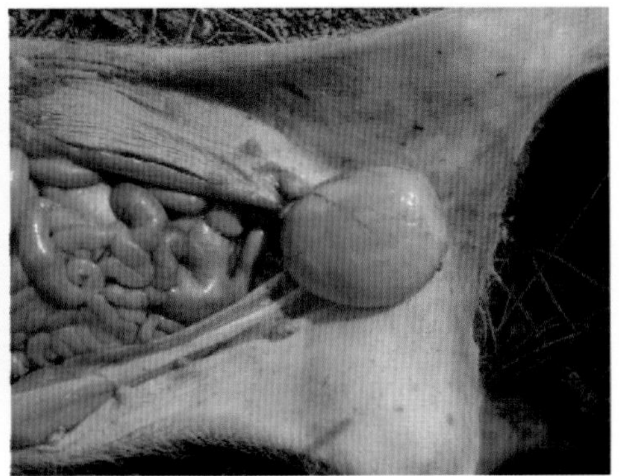

图 D3　膀胱积尿

A3、图 B3 示肺充血水肿并出血 C3 示肺脓肿；图 A4、图 B4、图 C4 显示肝脏都有云雾状白斑；不同型病例肾脏病变差别不大。图 A5、图 B5、图 C5、图 D4 显示肾脏出血；不同型病例脾脏病变有一定的差别。图 A6、图 B6、图 C6 显示脾脏肿大暗红色或暗紫色 。图 A7、图 B7、图 C7、图 D3 显示不同病例都有膀胱积尿的表现。

（五）防治措施

（1）防控。

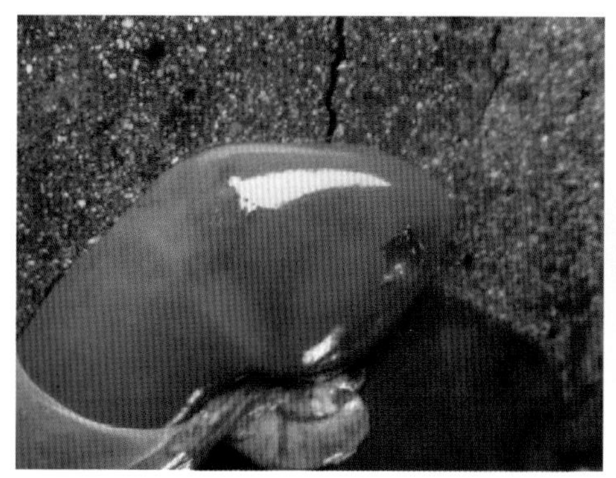

图 D4　肾出血

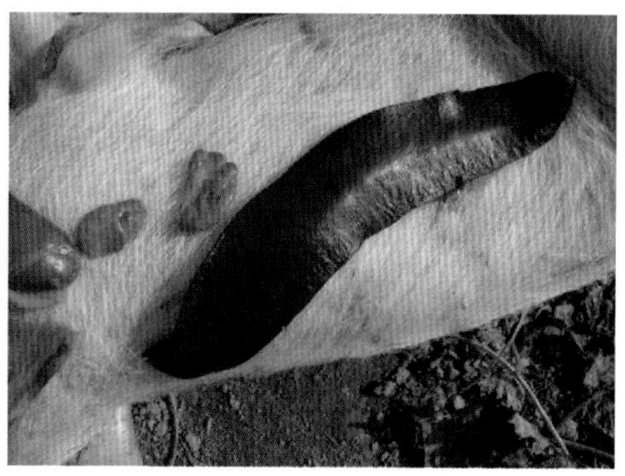

图 D5　脾脏暗红色

①加强饲养管理，修整圈舍、饲槽、围栏等处的尖锐物体，以免划伤，减少细菌侵入的机会。定期消毒，同时做好免疫接种工作。

②目前，部分地区已把该病列入强制免疫计划内，免费提供菌苗，可预防败血性链球菌病。免疫后 7 天产生免疫力，免疫期为 6 个月，对大小猪均安全。

③发病后，对疫区封锁，隔离病畜，并对场地、圈舍、饲槽、围栏以及相关物品严格消毒。

（2）治疗。

①肌肉注射，每千克体重用青霉素 8 万 ~ 10 万单位，每日 2 次，连用 3 天；每千克体重链霉素 2 万 ~ 4 万单位，每日 2 次，连用 3 天；畜专用头孢塞夫粉针则为每 50 千克体重用 0.3 克，每日 1 次，连用 3 天。

② 10% 阿莫西林可溶性粉混饮，每千克水用 0.5 克，连用 4 ~ 6 天。另外，磺胺嘧啶以及四环素类均有效。磺胺嘧啶能穿透血脑屏障，是治疗脑膜炎型链球菌病的首选药物。

六、副猪嗜血杆菌病

（一）临床症状

急性病例表现为不出现临床症状就突然死亡，死后全身皮肤发白色或红白相间，约有 50% 的急性死亡猪出现不同程度的腹胀，个别猪鼻孔有血液流出。一般病例体温升高（40.5 ～ 42.0℃），反应迟钝，心跳加快，耳梢发紫，眼睑水肿。保育猪和育肥猪，一般呈慢性经过，食欲下降，生长不良，咳嗽，呼吸困难，被毛粗乱，皮肤发红或苍白，消瘦衰弱。四肢无力、特别是后肢尤为明显，出现跛行，关节肿胀，多见于腕关节和跗关节，少数病例出现脑炎症状，角弓反张，四肢游泳状划动。部分病猪鼻孔有浆液性或黏液性分泌物。后备母猪常表现为跛行、僵直、关节和肌腱处轻微肿胀；哺乳母猪跛行以及性行为极端弱化。急性感染后可能留下后遗症，即母猪流产，公猪慢性跛行。

（二）剖检变化

主要是胸、腹腔出现似鸡蛋花状纤维素性炎症：剖检时，一般病例呈胸腔积液，肝周炎、心包炎、腹膜炎，其病变则酷似鸡大肠杆菌（包心、包肝）病变。较慢性病例可见心脏与心包膜黏连；肺与胸壁、心脏黏连，部分出现腹腔积液或腹腔脏器黏连；急性败血死亡病例表现皮肤发绀、皮下水肿和肺水肿。肝、肾和脑等器官表面有出血斑（点）。急性死亡病例，大多肉眼看不到典型的“鸡蛋花”状凝块，但仔细观察可见。腹腔有少量、似蜘蛛网状纤细条索，这在诊断急性副嗜血杆菌病死亡病例当中，有相当重要的价值。

（三）临床实践

副猪嗜血杆菌病的临床症状最为复杂，既像这病又像那病。同窝仔猪，个体较大的易首先发病。急性病例最易与猪水肿病混淆，其他如猪链球菌病等，还有慢性病例，需注意诊断。发现病猪，在治疗病猪的同时，一定要全群用药，如果是发病一个治疗一个，损失将是惨重的。猪舍卫生条件的差异，对该病的发病率影响不大。

（四）病例对照

该病可用两个病例显示急慢性病例症状与病变差异：图 A1 示慢性病例，腹部膨胀；图 B1 病例为急性病例突然死亡，有 15% ~ 20% 出现口鼻流血现象；图 A2 为慢性病例绒毛心图；B2 示急性病例心包积液；图 A3 示肺纤维素性炎症；图 B3 示肺尚未形成纤维素炎症；图 A4 示腹腔纤维素形成厚厚的包膜，图 B4 示腹腔纤维素炎症较轻；图 A5 示关节腔积液并纤维素炎症，图 B5 示关节腔积液并纤维素炎症；图 A6 示腹股沟淋巴结肿大切面多汁；图 B6 示急性病例腹腔有大量泡沫。

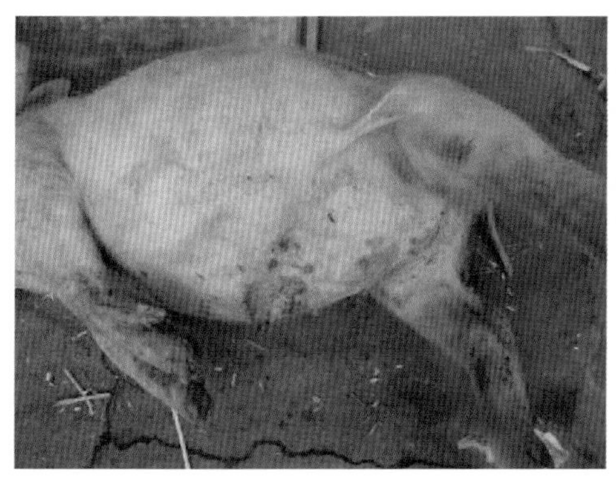

图 A1　慢性病例，腹部膨胀

图 A2　绒毛心

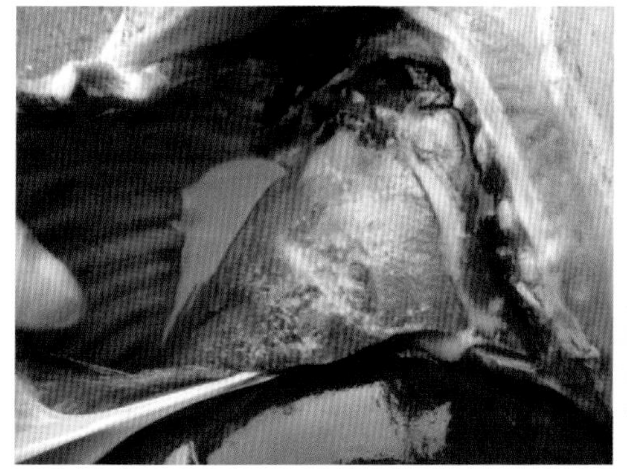

图 A3　肺纤维素性渗出炎症

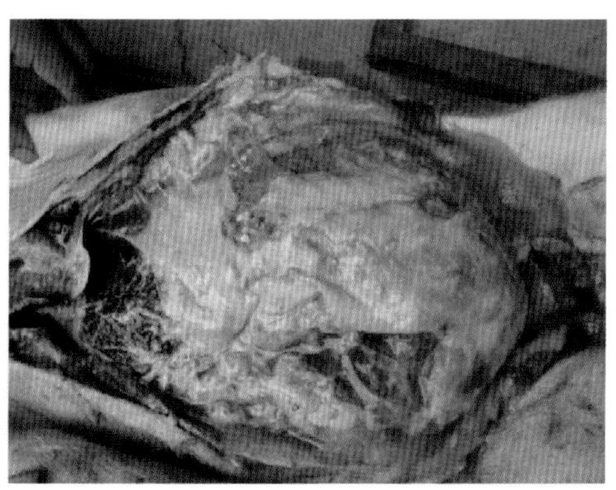

图 A4　腹腔纤维素性渗出形成厚厚的包膜

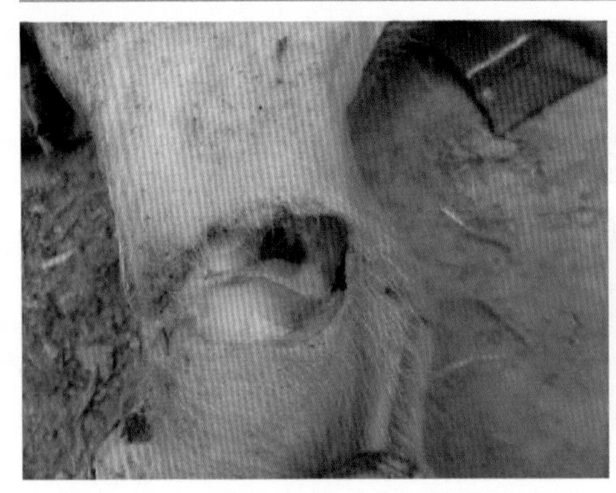

图 A5　关节腔积液并纤维素炎症

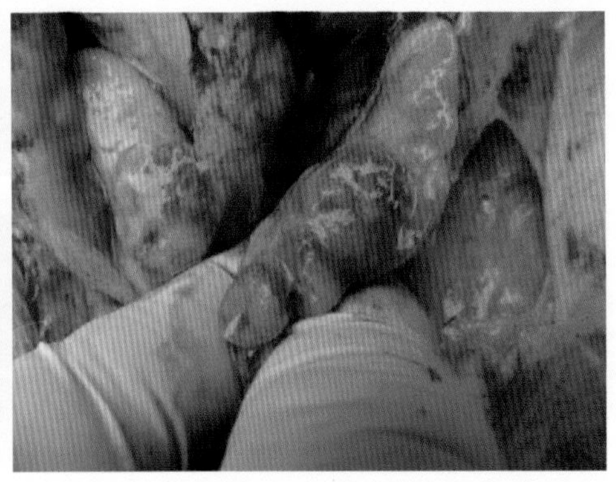

图 A6　腹股沟淋巴结肿大切面多汁

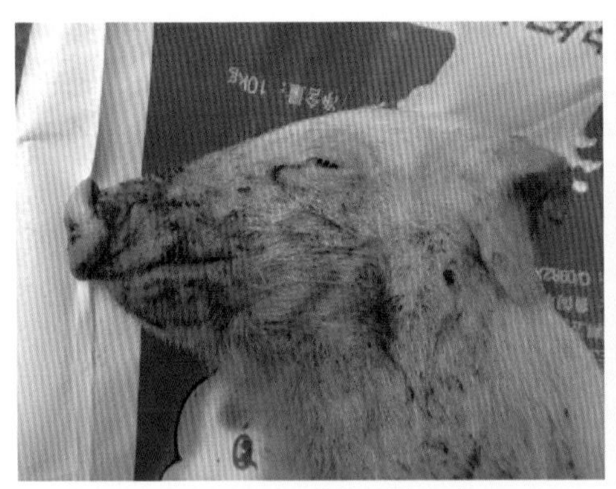

图 B1　急性病例有口鼻流血现象

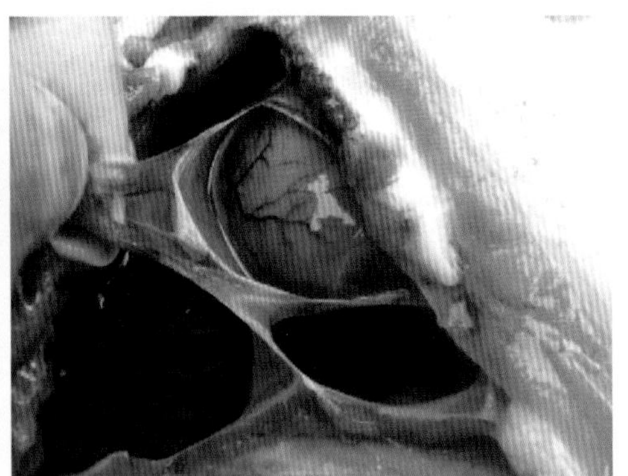

图 B2　急性病例心包积液

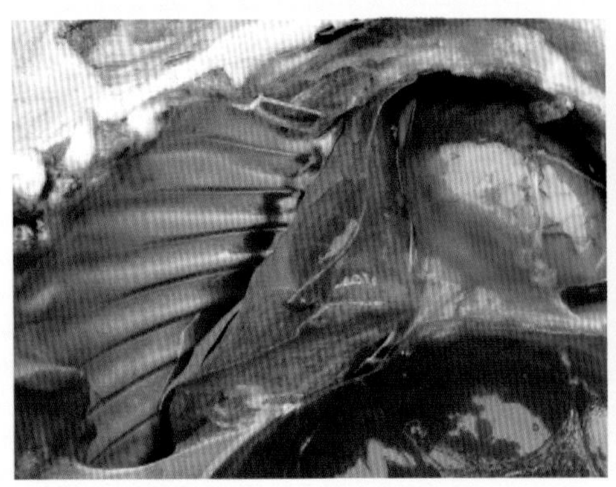

图 B3　肺尚未形成纤维素炎症

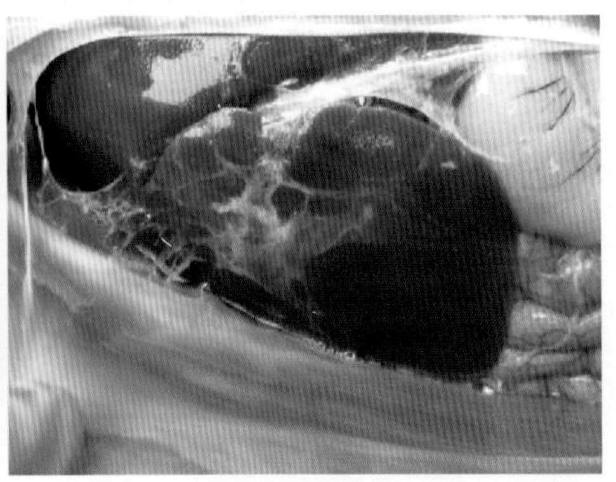

图 B4　腹腔纤维素炎症较轻

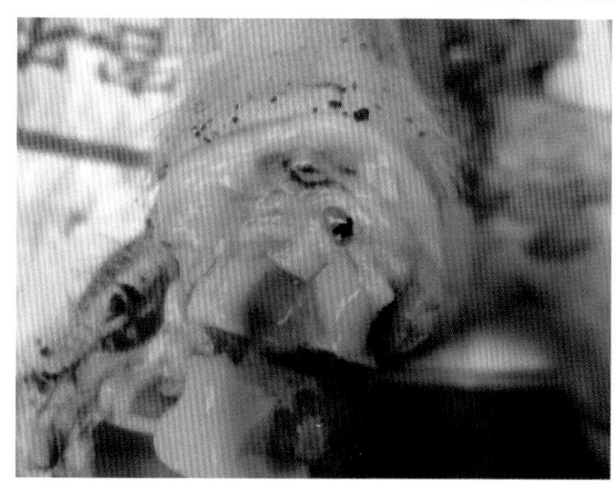

图 B5　关节腔积液并纤维素炎症

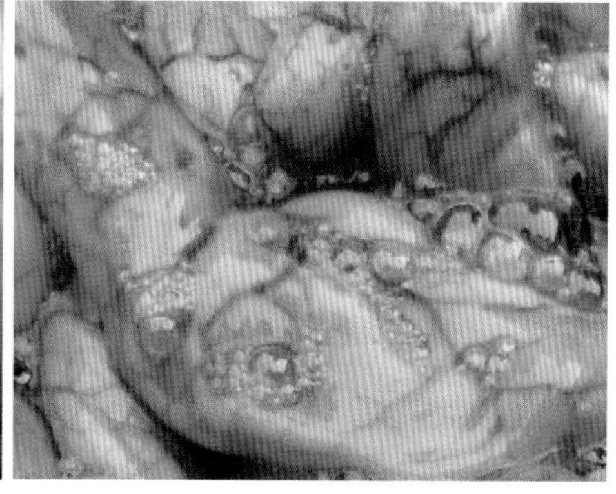

图 B6　急性病例腹腔有大量泡沫

（五）防控措施

（1）防控。

①对于副猪嗜血杆菌病的防制，应加强饲养管理，减少或消除其他诱因。如免疫抑制性疾病（猪蓝耳病、圆环病毒相关疾病等）的发生，减少猪的转群并栏等。

②经常巡视猪舍，一旦发现发病现象，立即隔离病畜，严格消毒。在积极治疗发病猪的同时，对全群易感猪进行紧急药物预防，效果是理想的。

（2）治疗。

①用泰乐菌素注射液（0.5 克装）按每千克体重 10 毫克，每日一次，连用 4 天；30% 替米考星注射液每千克体重 0.1 毫升，每日一次，连用 3 天。

②抗生素药物在该病发病初期治疗是有效的。但因该病胸腹腔易形成纤维素性炎症，如延误治疗，一旦形成严重纤维素炎症，可能是不可逆的病灶，治愈率很低。

七、猪附红细胞体病

（一）临床症状

急性病例：前期皮肤赤红，稽留热，有的病例前期体温正常，2 ~ 3 天后开始发热；中后期贫血、黄疸和尿如浓茶（血尿）。少部分怀孕母猪流产和死胎，且主要见于初产母猪，一般经产母猪，经过治疗后，基本都能正常生产，只是胎儿较弱。仔猪出现中热贫血和黄疸很快死亡。

慢性病例:该病例最多见，架子猪，初期一般体温正常或偏高，呼吸困难少见，呼吸正常或稍快。群发病则初期忽然饮水增加、尿频、圈舍湿度加大。采食总量可能并未减少，只是一次量不能在短时间（几分钟）内吃完，但是，下一次喂料时可能吃完或有少量剩料，随着时间的推移，剩料越来越多。被毛粗乱，皮肤暗红色，鬃部毛孔可能最早出现渗血点，后遍及全身，渗血点大小、颜色不同。有的猪毛孔呈针尖大小的红渗血点，但有的猪呈碎麸皮状汗渍；黑色或棕色猪，其毛孔渗血点不明显，但可见鬃部毛孔有湿润感，其上有尘埃粘附，耳内测也可见渗血点，部分猪耳静脉塌陷。这些渗血点用指甲可刮掉（特别是湿润后，更容易刮掉）。呈现结膜炎、有血样脓性眼屎，睫毛根部棕色，眼圈周围、肛门发青紫色，部分猪后肢麻痹或肌肉震颤，可见行走时后躯摇晃或两后肢交叉，起卧困难。后期个别出现猪贫血、黄疸和尿似浓茶，耳发绀，病程较长。病猪可见腹泻或干粟便块并附有黄色黏液，但并非特征。

断奶仔猪发病除有不同程度的以上症状外，体表暗红或苍白，抓捕时，感觉皮肤疏松，肌肉无弹性。提起两后肢可见仔猪乳头基部呈蓝紫色，特别是后面的几对乳头更明显。耳外侧，特别是腹部皮下几乎都有不同程度、较规则的深蓝墨水样淤血点，一般没有呼吸困难症状，病程较短。

哺乳仔猪体温升高或正常（慢性），一般全窝仔猪都发病，腹泻，排黄色或白色粥状或水样稀便，与黄白痢很难区别。很多病例就是因为按黄白痢治疗无效，导致大批死亡。而有的猪发病初期，粪便稀薄并有大量凝乳块，被毛逆立，发抖。病猪精神沉郁，个别猪只偶尔有咳嗽、呼吸困难，流鼻液，鼻液呈清亮或黏稠样，鼻盘发绀、眼结膜苍白，严重的可见到黄染，肛门、眼周围呈蓝紫色。病猪濒死期体温下降，排黄红色尿液，患猪在耳尖部及腹下出现紫红色斑块。虽然有个别发病初期的仔猪，观察不到毛孔渗血，但用拇指和食指捏压发病白色仔猪皮肤，很快毛孔有锈点状血液渗出，应仔细观察。

母猪发病，较典型的症状是体温时高时低，有时可降至36℃，一天后可能自然升至正常。不过在临床上我们发现，发病母猪背部厥冷（手感背部冰凉），是母猪较典型的一种临床症状。有的猪乳头、阴门水肿、发绀。而单纯附红细胞体病病猪，经产怀孕母猪死胎、流产较少。断奶后的母猪长时间不发情或发情后屡配不孕。食欲始终很低，个别情况可能出现食欲废绝，病程较长。

不管是急性还是慢性病例，都有血液稀薄，凝固不良和伤口难以愈合的情况，一般从阉割后的伤口恢复情况便可看出。

（二）剖检变化

贫血，皮肤及黏膜苍白。血液稀薄、色淡、凝固不良。有的全身性黄疸、皮下组织水肿。心包积液，心外膜有出血斑点，心肌松弛似皮囊状，无弹性。肝脏肿大变性呈黄棕色，表面有黄色条纹。胆囊膨胀，内部充满浓稠明胶样胆汁。脾脏肿大变软，呈暗黑色。

肾脏肿大，有微细出血点或黄色斑点，淋巴结水肿。体表淋巴结黄染或发黑（慢性），肠系膜淋巴结黄染。

（三）临床实践

毛孔渗血点是其特征症状，三紫（眼圈、乳头和肛门）现象是仔猪发病临床特征。部分发病猪有耳静脉塌陷现象。该病属传染病，但就目前来看，切断传播途径，可能仍然发病，因健康猪大多携带该病原，该病发生主要是因为应激过大引起。因此，有效地预防该病，主要是减少猪群应激。该病病原是嗜血支原体，不是血虫，也非立克次体，属支原体。因此，四环素类药物（如多西环素）有较好疗效。

（四）病例对照

该病可用A、B、C三组病例分别阐述，即临床常见症状A组、病变图B组和出生10日龄左右发病猪的症状和病变情况。A组图片主要是临床上的常见症状：图A1示毛孔渗血点不是出血点；图A2示眼圈青紫，眼角不洁；图A3示耳青紫并有瘀点；图A4示阴囊肛门青紫；图A5示后腹部、腿内侧有瘀点。

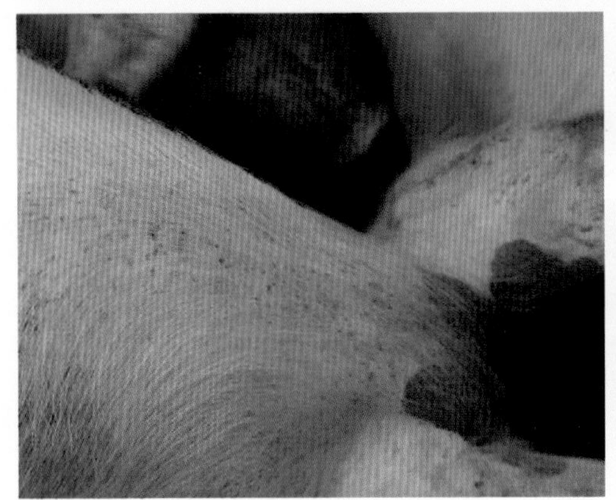

图 A1　毛孔渗血点不是出血点

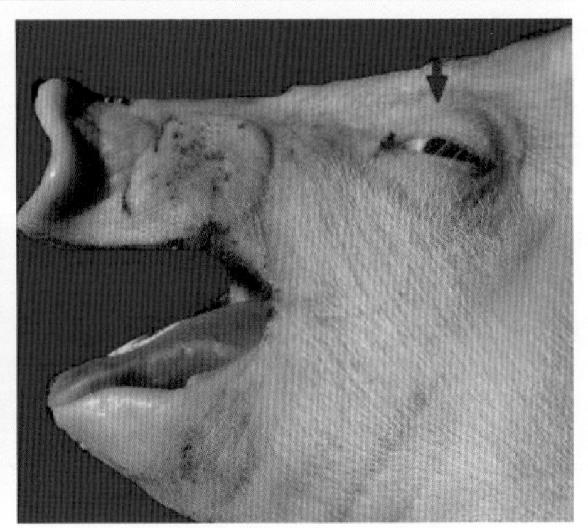

图 A2　眼圈青紫，眼角不洁

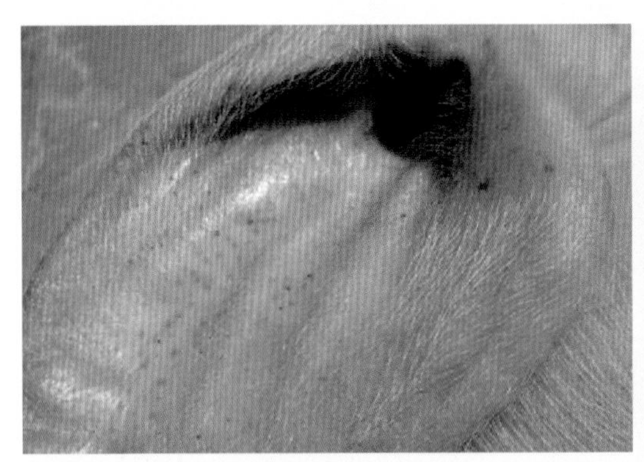

图 A3　耳青紫并有瘀点

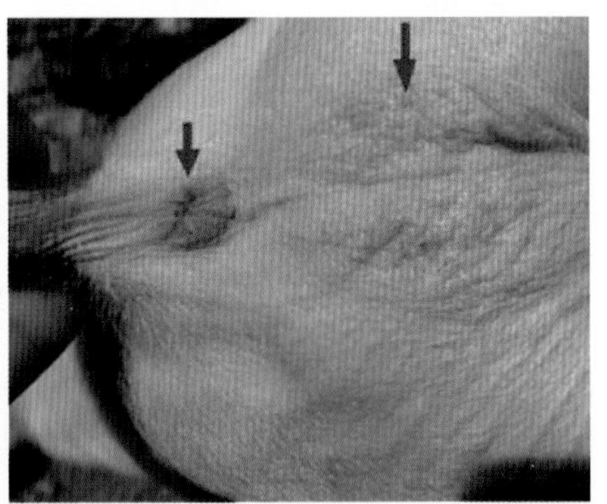

图 A4　阴囊肛门青紫

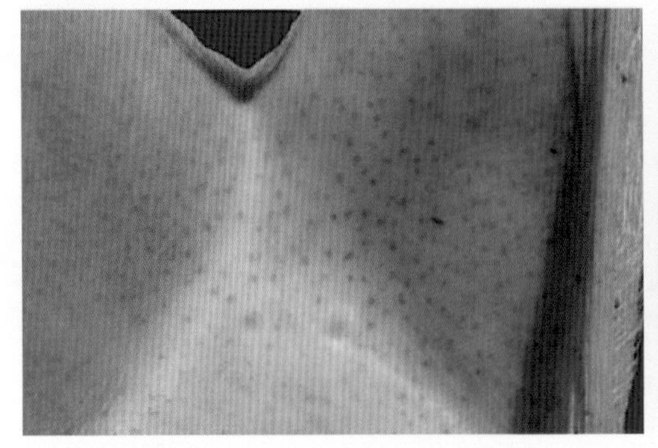

图 A5　后腹部、腿内侧有瘀点

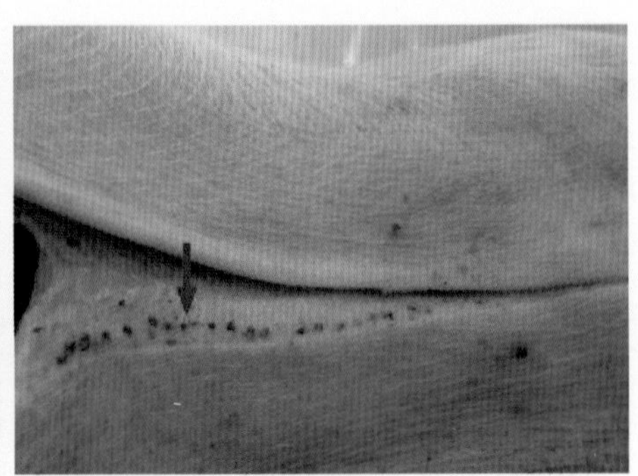

图 B1　皮肤表面渗血点是从毛根渗出

B 组图片示主要的临床上常见病变：图 B1 示皮肤表面渗血点是从毛根渗出；图 B2 示心包腔积液；图 B3 示肺有出血斑；B4 示肝脏黄色条纹；图 B5 示肾有时黄染；B6 示脾脏肿大。

图 B2　心包腔积液

图 B3　肺有出血斑

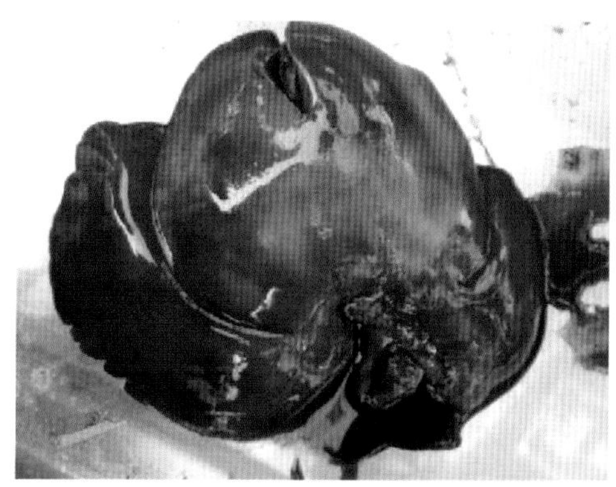

图 B4　肝脏黄色条纹

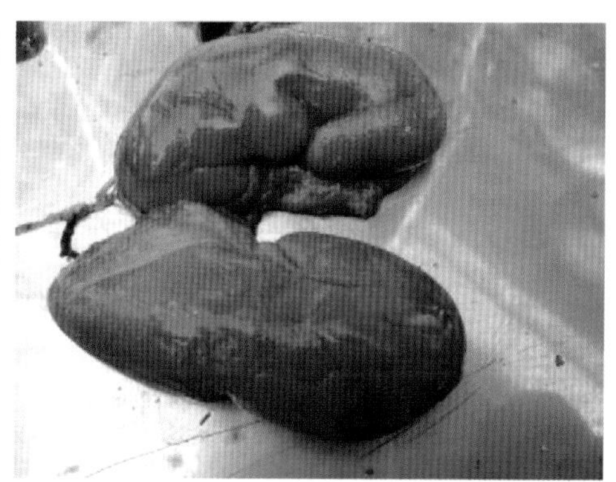

图 B5　肾有时黄染

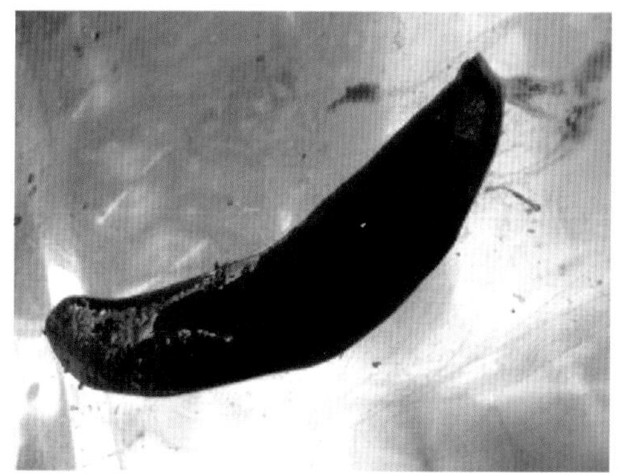

图 B6　脾脏肿大

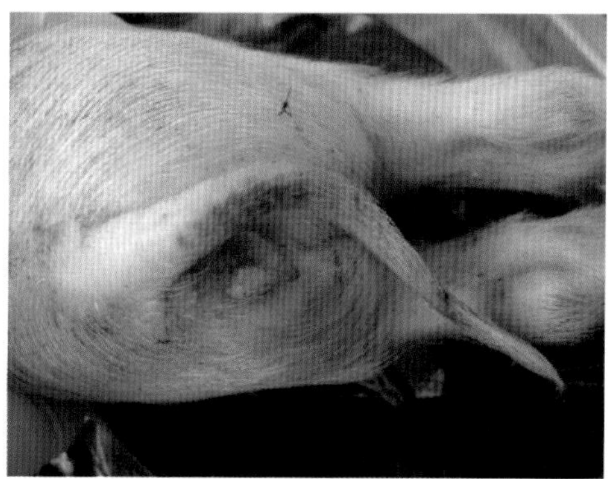

图 C1　10 日龄仔猪发病后水样腹泻

C组图片包括主要临床上乳猪发病症状和病变：图C1示8日龄仔猪发病后水样腹泻；图C2示胃浆膜可见圆形溃疡灶；图C3示肾包膜不易剥离；图C4示

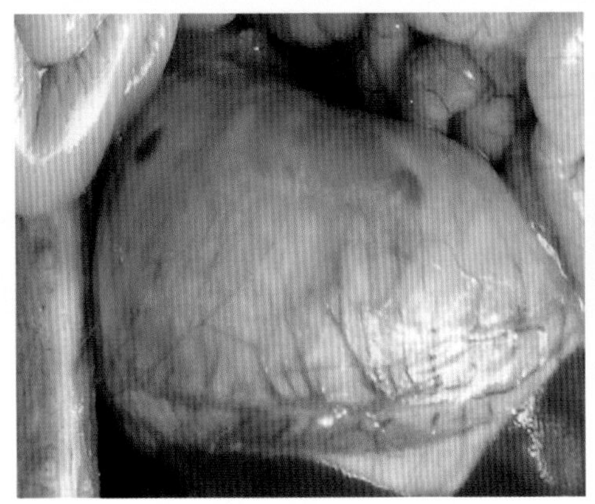
图C2　胃浆膜可见圆形溃疡灶

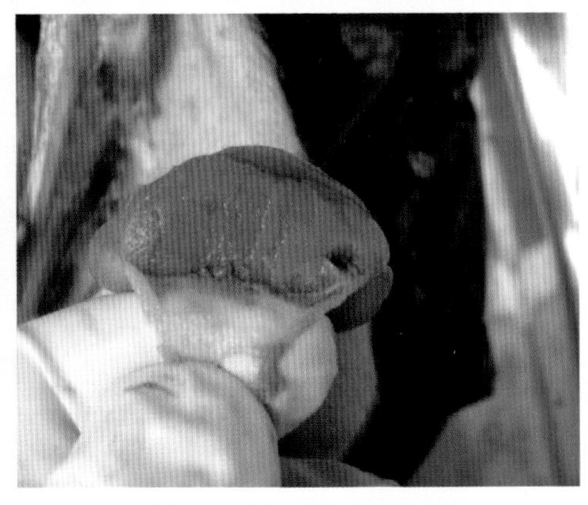
图C3　肾包膜不易剥离

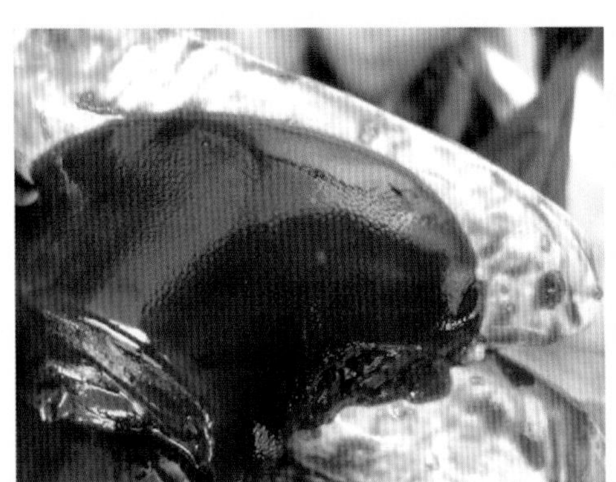
图C4　肝脏轻度黄染

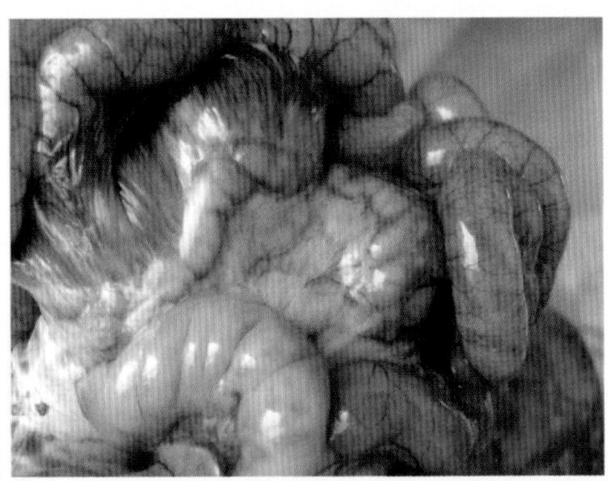
图C5　肠系膜淋巴结肿大黄染

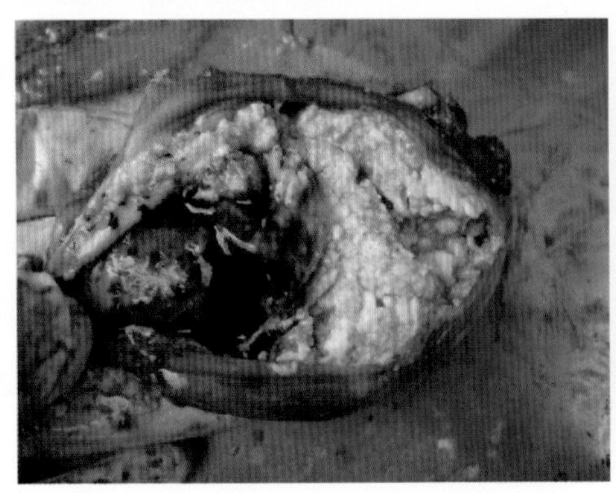
图C6　胃黏膜深层溃疡灶接近穿孔

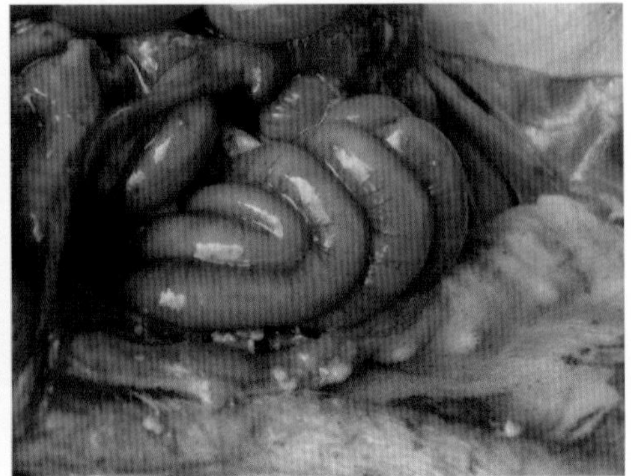
图C7　肠浆膜水肿并黄染

肝脏轻度黄染；图 C5 示肠系膜淋巴结肿大黄染；图 C6 示胃黏膜深层溃疡灶接近穿孔；图 C7 示肠浆膜水肿并黄染。

（五）防控措施

（1）加强饲养管理，尽量减少各种应激。转群、并栏、阉割、恶劣天气、长途运输等是诱发该病主要因素。

（2）保健药物选择多西环素、金霉素、土霉素等四环素类药物对该病最为有效。大群猪给免疫增强剂和营养抗应激制剂，有利于疾病控制。

（3）治疗该病可肌肉注射多西环素注射液（10 毫升∶0.25 克）每千克体重 0.1 ~ 0.2 毫升，每日一次，连用 3 天；长效土霉素注射液，隔日一次，连用 2 次，效果良好。如继发或并发感染，可联合用药。补充铁剂可提高疗效、减少死亡。

八、仔猪副伤寒

（一）临床症状

急性病例体温高达 41 ～ 42℃。精神不振，食欲废绝。后期有下痢，呼吸困难，耳根、胸前和腹下皮肤瘀血呈紫斑状。病程多数为 2 ～ 4 日，病死率很高。

慢性病例：体温 40.5 ～ 41℃，食欲不振，恶寒怕冷，喜钻草窝，皮肤痂状湿疹。粪便灰白或灰绿，恶臭，呈水样下痢，相当顽固。皮肤有紫斑，病程长。耐过猪生长缓慢，形成僵猪。

（二）剖检病变

急性病例，全身黏膜、浆膜均有不同程度出血斑点。脾脏肿大、蓝紫色、切面蓝红色是特征性病变。淋巴结肿大，尤其是肠系膜淋巴结索状肿大。肾肿大并出血。病变以大肠（盲肠回盲瓣附近）发生弥漫性纤维素性坏死性肠炎为特征，肠壁增厚变硬。局灶性坏死，周围呈堤状轮层状结构不明显，肝脏肿大，古铜色，上有灰白色坏死灶。下腹及腿内侧皮肤上可见痘状湿疹有灰白色坏死小灶。

（三）临床实践

因该病病猪耳呈蓝紫色，与近几年闹得沸沸扬扬的猪蓝耳病症状相似。近几年临床上把该病误诊为猪蓝耳病的比比皆是，应引起高度重视。只要综合诊断，其实，很容易鉴别。

（四）病例对照

仔猪副伤寒皮肤发绀现象基本都出现，只是严重程度不同，图 A1 示耳部发绀、图 B2 示耳部、胸前和腹下皮肤瘀血呈紫斑。图 A2、图 A9、图 B10 三张图片显示不同病例淋巴结病变：图 A2 示颌下淋巴结出血，图 A9 示肠系膜淋巴结肿大切面坏死，图 B10 示肝门淋巴结充血、出血、肿大；图 A3 示肺卡他性炎症；图 A4、图 B4 两张图片显示不同病例肝脏病变：图 A4 示肝脏肿大古铜色，图 B4 示肝脏肿大古铜色并有坏死灶；图 A5、图 B5 显示不同病例肾脏病变：图 A5 示肾

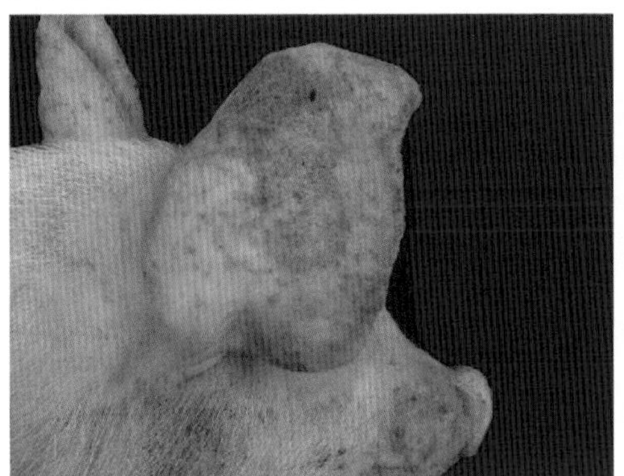

图 A1　耳部发绀

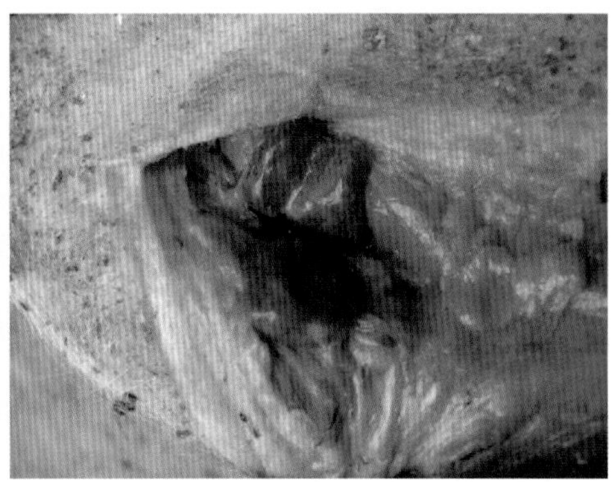

图 A2　淋巴结出血

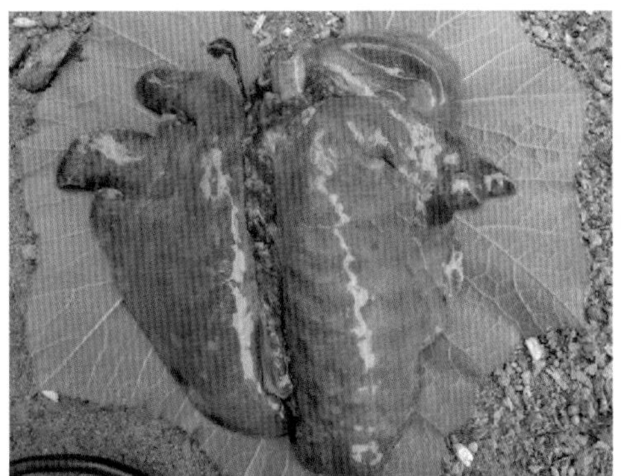

图 A3　肺卡他性炎症

图 A4　肝脏肿大古铜色

图 A5　肾肿大淤血、出血

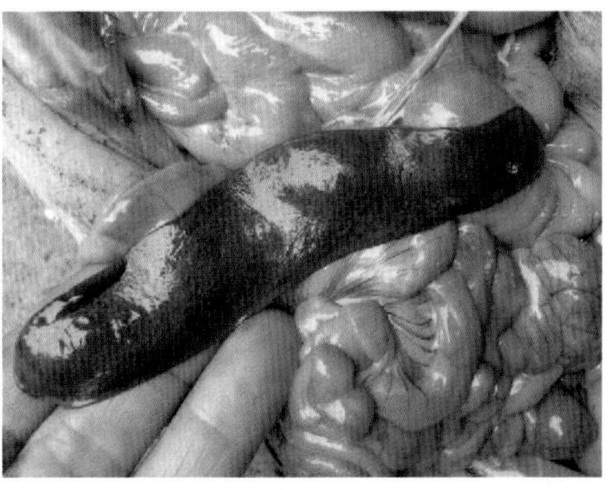

图 A6　脾脏肿大淤血

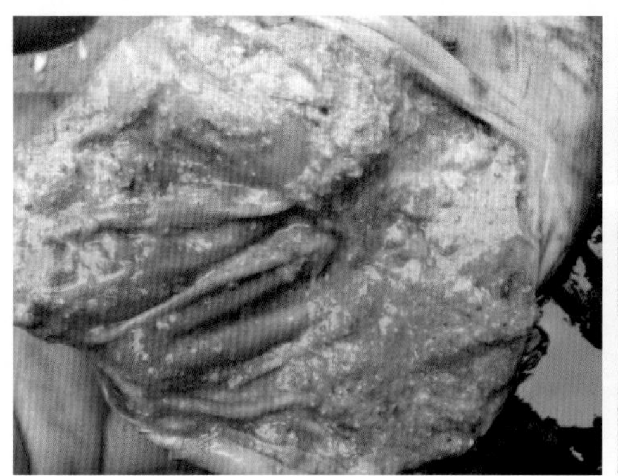

图 A7　急性病例胃黏膜出血

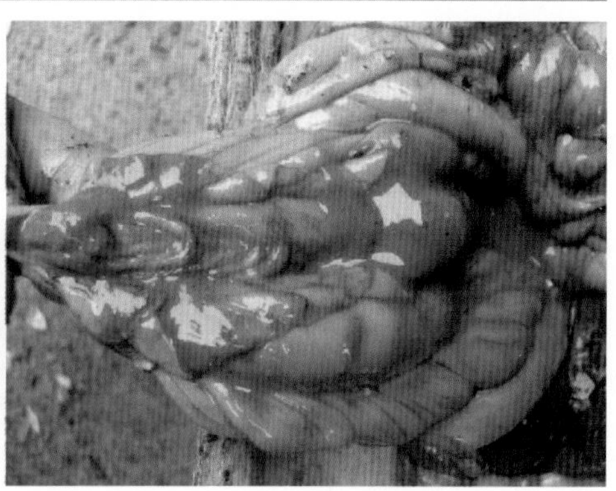

图 A8　急性病例肠黏膜出血

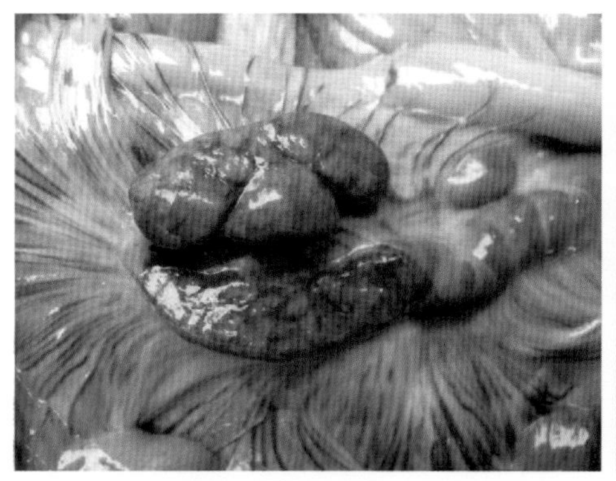

图 A9　肠系膜淋巴结肿大切面坏死

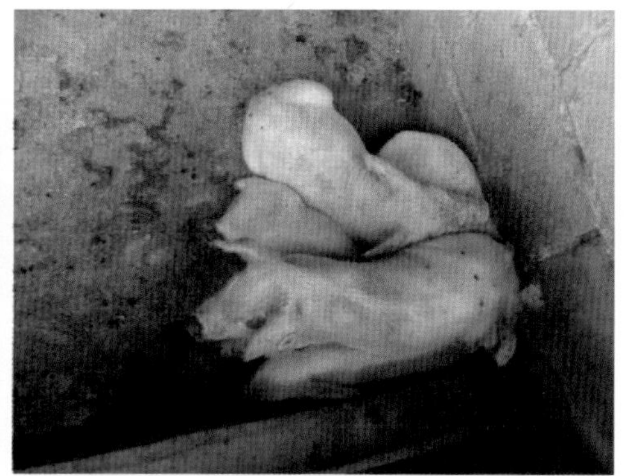

图 B1　发病仔猪体温升高扎堆

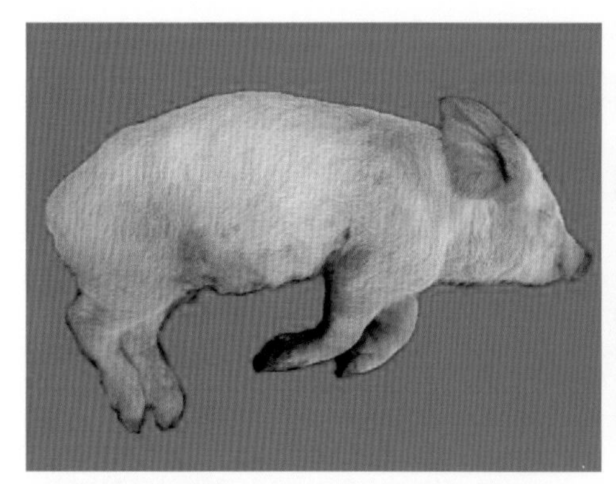

图 B2　耳部、胸前和腹下皮肤瘀血呈紫斑。病程多数为 2 ～ 4 日，病死率很高

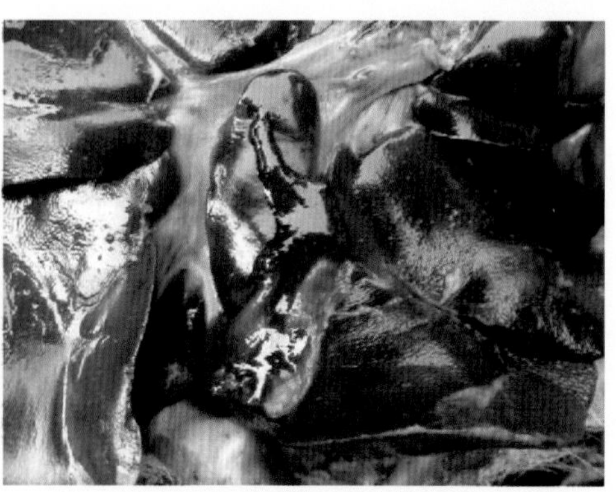

图 B3　胆囊坏死，胆汁浓稠

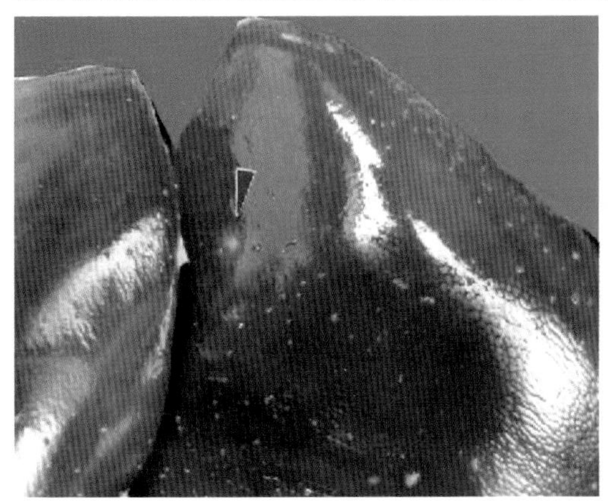

图 B4　肝脏肿大古铜色并有坏死灶

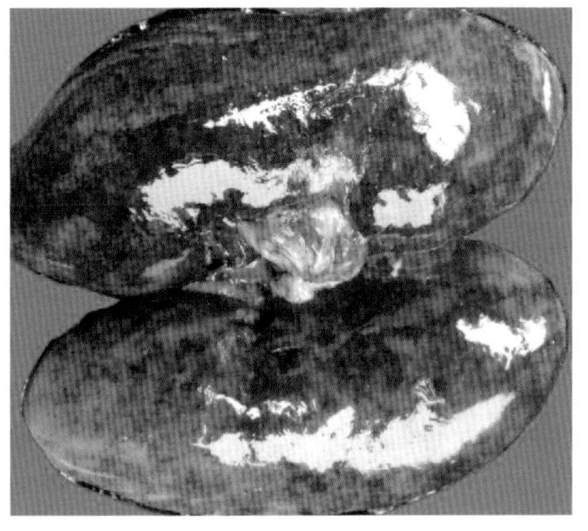

图 B5　肾脏实质性变性，被膜下出血严重

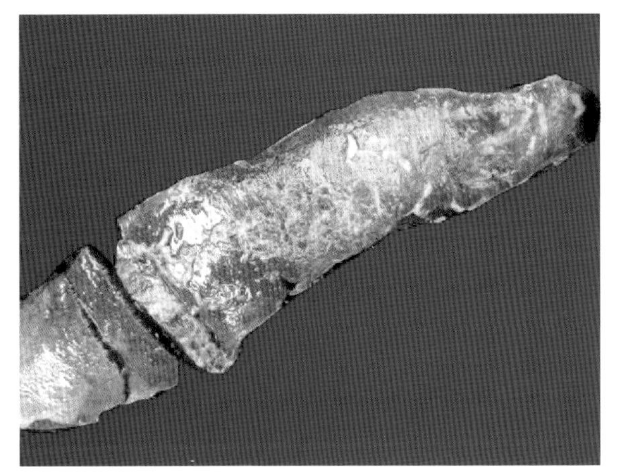

图 B6　脾脏肿大、蓝紫色、切面蓝红色是特征性病变

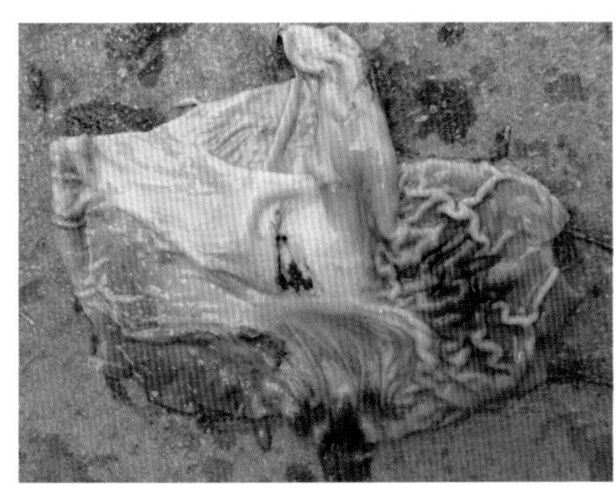

图 B7　胃浆膜和黏膜均有出血

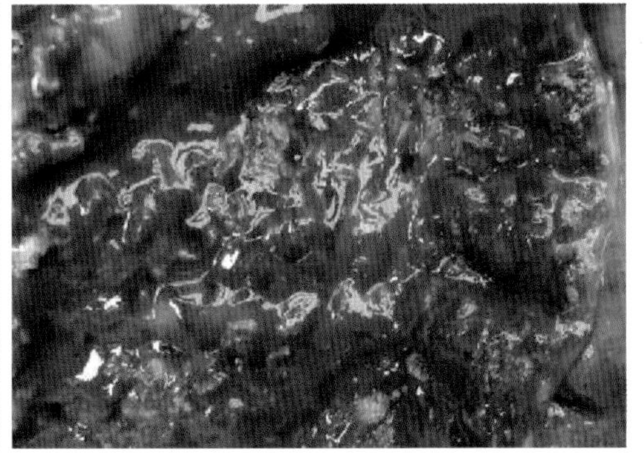

图 B8　结肠发生弥漫坏死性肠炎，黏膜表面糠麸状

肿大淤血出血，图 B5 示肾脏实质性变性，被膜下出血严重；图 A6、图 B6 显示脾脏病变；图 A6 示脾脏肿大淤血，图 B6 示脾脏肿大、蓝紫色、切面蓝红色是特征性病变；图 A7 示急性病例胃粘膜出血，图 B7 胃浆膜和黏膜均有出血；图 B1 示发病仔猪体温升高扎堆；图 B3 示胆囊坏死，胆汁浓稠；图 A8 示急性病例肠黏膜出血，图 B8 示慢性病例结肠发生弥漫坏死性肠炎，黏膜表面糠麸状；图 B9 示慢性病例病变以大肠（盲肠、直肠、结肠）发生弥漫性纤维素性坏死性肠炎为特征，肠壁增厚变硬；图 B10 示肝门淋巴结充血、出血、肿大。

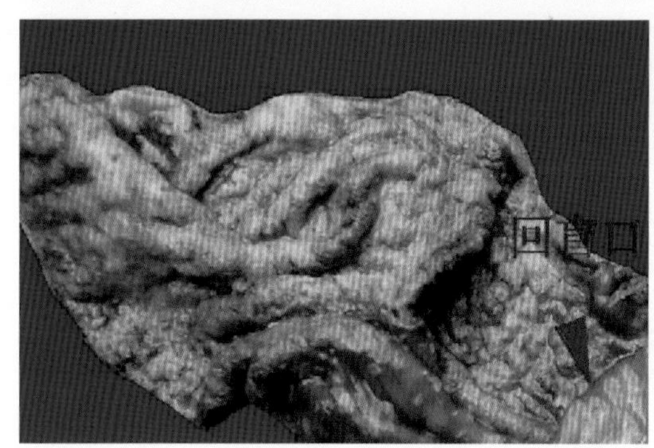

图 B9　病变以大肠（盲肠、直肠、结肠）发生弥漫性纤维素性坏死性肠炎为特征，肠壁增厚变硬

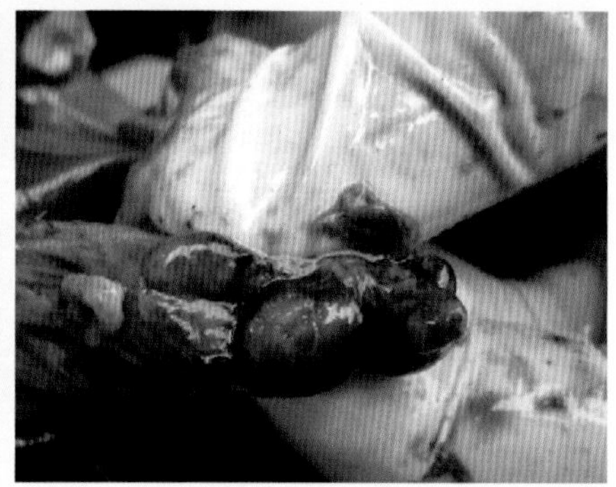

图 B10　肝门淋巴结充血、出血、肿大

（五）防控措施

（1）改善饲养管理和环境卫生条件，减少应激，消除发病诱因，增强仔猪的抵抗力。

（2）一月龄以上的哺乳仔猪和断奶仔猪注射猪副伤寒弱毒菌苗或水肿伤害二联灭活疫苗。

（3）发病仔猪在下痢之前，选择相应药物可有效预防和治疗此病。对严重腹泻的后期病例治疗效果不佳。早发现、早诊断、早治疗也是治愈该病的关键。治疗该病药物选择较多，氟苯尼考注射液（5 毫升 ：0.5 克）肌肉注射，每千克体重 0.2 毫升，每日一次，连用 3 天；盐酸洛美沙星注射液（10 毫升 ：100 毫克）每千克体重 0.15 毫升，每日一次，连用 3 天；另外，磺胺类和四环素类药物对该病也有较好的治疗效果。

九、猪弓形体病

（一）临床症状

病猪体温升高约42℃，稽留不退，热型跟猪瘟类似。粪便干燥；食欲减退或废绝。耳、唇、腹部及四肢下部皮肤前期充血发红，特别是耳外侧皮肤充血，薄皮猪可见耳外侧皮肤充血有光泽。后期发绀或有淤血斑。呼吸困难、咳嗽，严重时呈犬坐姿势状，特征性的呼吸型是浅表性呼吸困难。虽然呼吸困难，但该病张口喘息的情况少见。鼻镜虽然干燥但有鼻漏，前期浆液性（清水鼻涕）、进而呈黏液性（黏稠鼻涕）。仔猪多数下痢，拉黄色稀便体，体温稽留，全身症状明显。不管是仔猪或成猪，都有后肢无力，行走摇晃，喜卧的症状。有时驱赶时可能看不出后肢无力，但大多数病猪站立几秒左右，臀部就突然倾斜，不过很难摔倒。

成年猪常呈现亚临床感染，怀孕母猪可发生流产或死产。

（二）剖检变化

胸腹腔积液，肺水肿，有出血斑点和白色坏死灶，小叶间质增宽，小叶间质内充满半透明胶冻样渗出物。气管和支气管内有大量黏液性泡沫，有的并发肺炎。全身淋巴结肿大，切面可见点状坏死灶。肝略肿胀，呈灰红色，散在有坏死斑点。脾略肿胀呈棕红色有凸起的黄白色坏死小灶。肾皮质有出血点和灰白色坏死灶。膀胱有少数出血点。肠系膜淋巴结呈囊状肿胀。有的病例小肠可见干酪样灰白色坏死灶“肠道肉芽肿”。

（三）临床实践

临床上较常见猪病之一，养殖户或小型猪场误诊率约80%或更高。多年来，笔者去过无数养殖户或场。发现在治疗该病时用头孢噻呋、硫酸卡钠霉素、泰乐菌素、替米考星等药物均无良效。多数养殖户或场技术员经常反映，“好针都打过了，就是治不好”。高热、浅表性呼吸困难和后肢软弱，多么典型的弓形体病。若问“用磺胺类药物了吗？”，回答是“好针都没作用，磺胺类药物更白搭，早就听人说过，磺胺类药物有毒”。多么斩钉截铁而又富有“哲理”的回答，其实磺胺类药物应为首选。

（四）病例对照

该病现用A、B、C三组病例说明。皮肤：图A1示病猪全身充血，图B1、图C1示病猪全身苍白，耳发绀；肺：肺表面坏死灶有时不明显，但肺都水肿；图A2示胸腔积液，肺有白色坏死灶，图B2、图C2示胸腔积液，肺水肿，肉眼未见明显坏死灶；肝脏：图A3示该病例肝脏黄红相间，肉眼未见坏死灶；图B3、图C3病例肝脏可见明显坏死灶；脾脏：图A4、图B4、图C4病例示脾边缘均见坏死灶；肾脏：图A5、图B5、图C5示肾脏均见灰白色坏死灶；肠：图A6示肠道肉芽肿；淋巴结：外观颜色有差异，但都肿大明显，图B6示肠系膜淋巴结外观灰白色肿大，切面出血、坏死，图C6示肠系膜淋巴结出血、肿大。

图A1　病猪全身充血

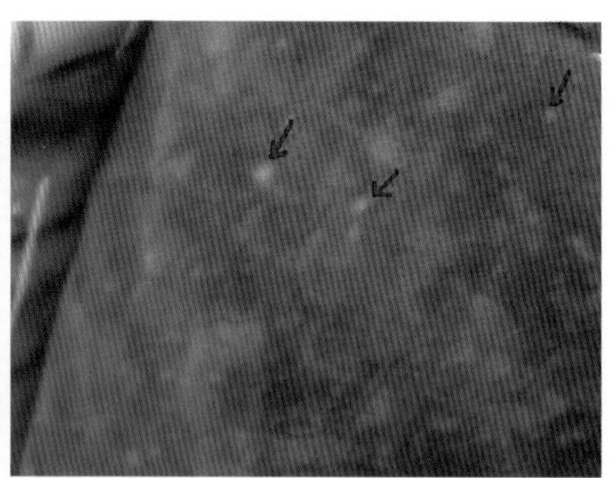
图A2　胸腔积液，肺有白色坏死灶

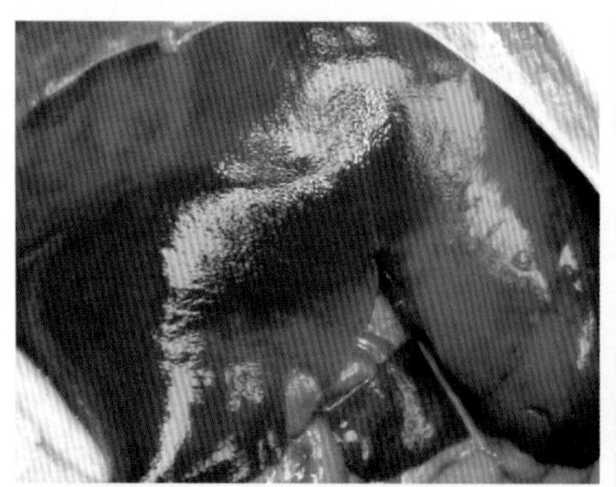
图A3　该病例肝脏黄红相间，肉眼未见坏死灶

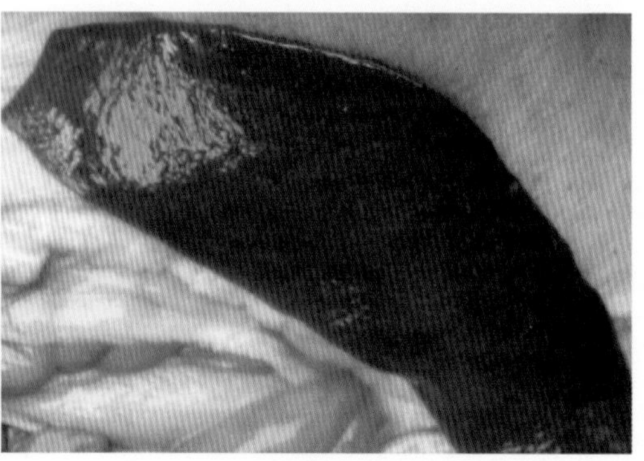
图A4　该病例脾边缘见坏死灶

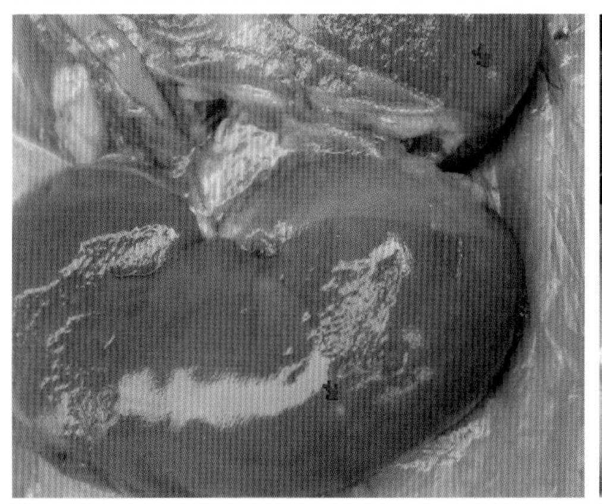

图 A5　肾脏见灰白色坏死灶

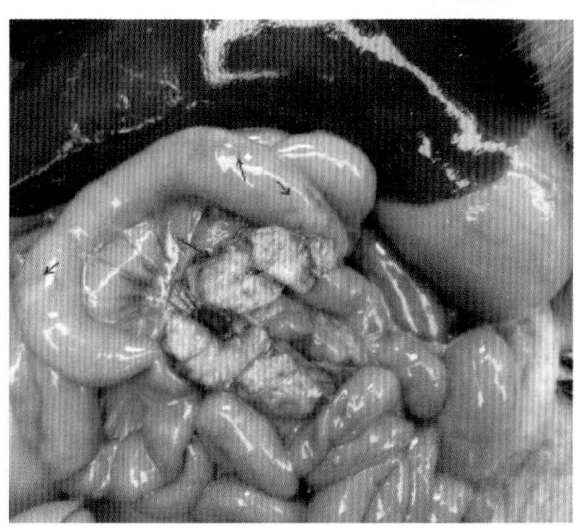

图 A6　肠道肉芽肿

图 B1　病猪全身苍白，耳发绀

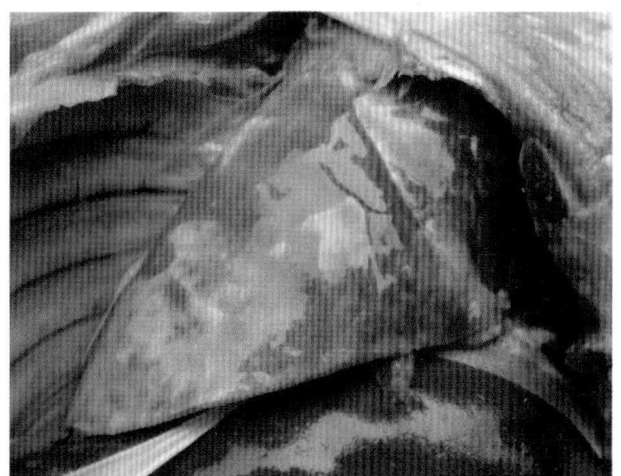

图 B2　胸腔积液，肺水肿，肉眼未见明显坏死灶

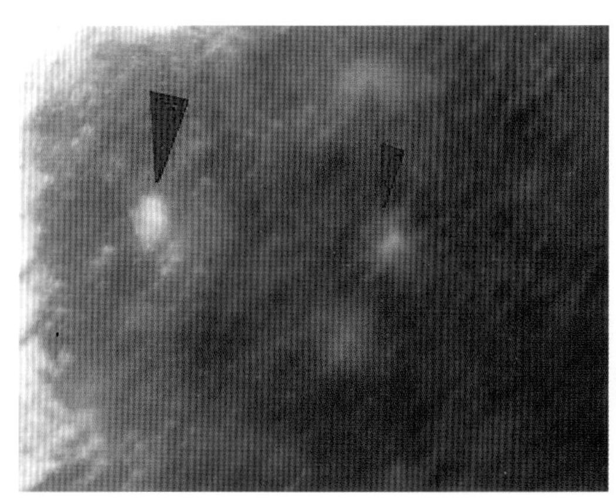

图 B3　该病例肝脏可见明显坏死灶

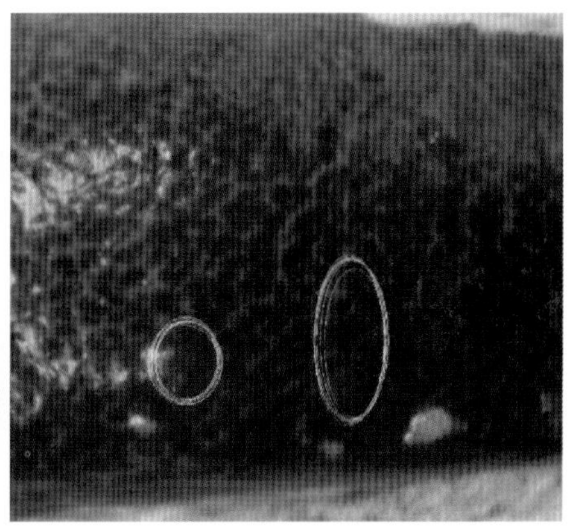

图 B4　该病例脾见坏死灶

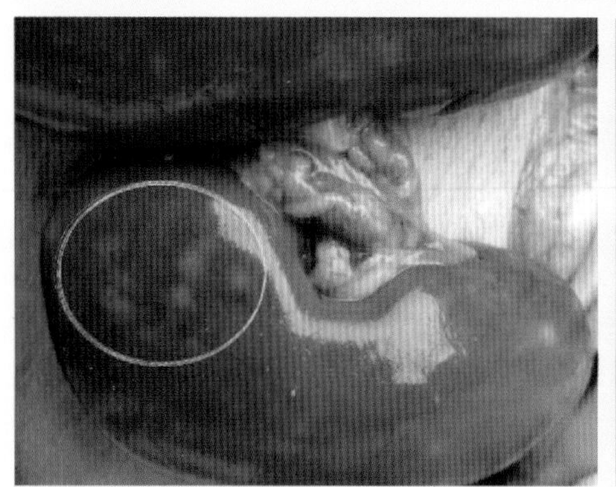

图 B5　肾脏见灰白色坏死灶

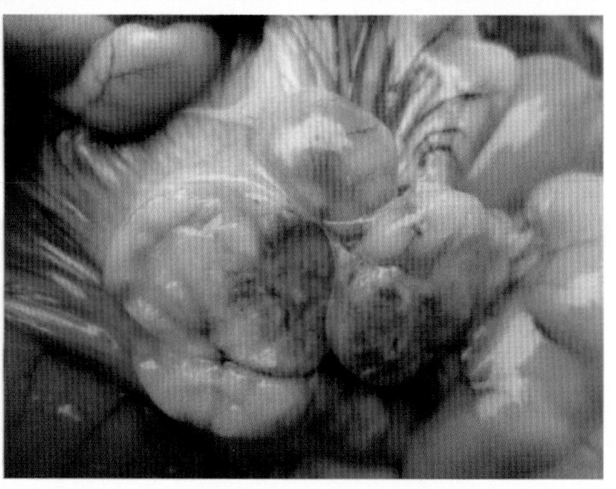

图 B6　肠系膜淋巴结外观灰白色肿大，切面出血、坏死

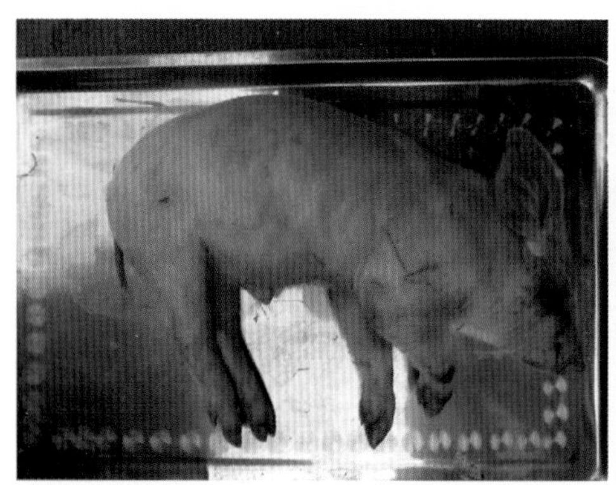

图 C1　病猪全身苍白，耳发绀

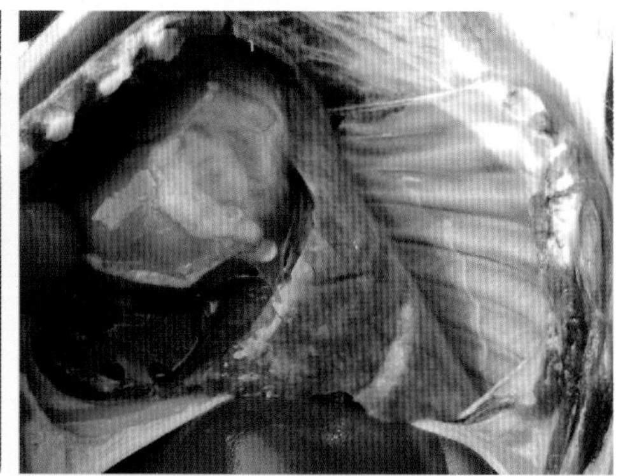

图 C2　胸腔积液，肺水肿，肉眼未见明显坏死灶

图 C3　该病例肝脏可见明显坏死灶

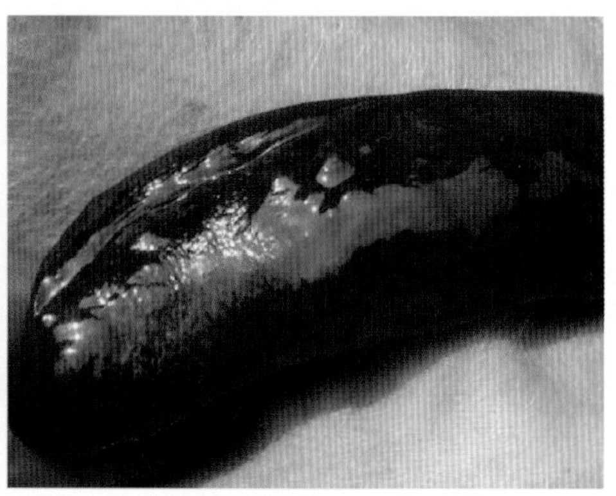

图 C4　该病例脾见坏死灶

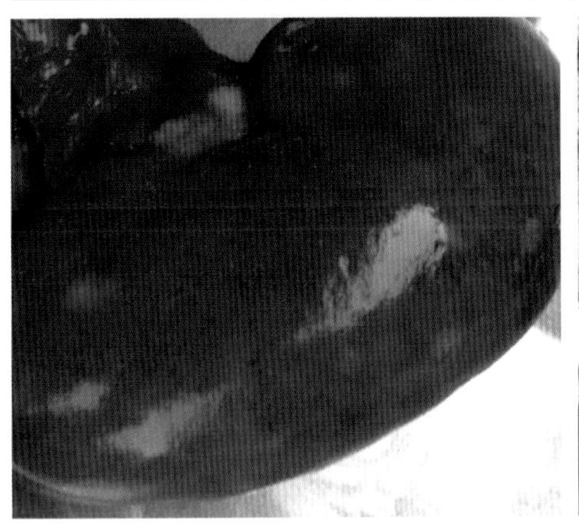

图 C5　肾脏见灰白色坏死灶

图 C6　肠系膜淋巴结出血、肿大

（五）防控措施

（1）保持圈舍干净卫生，猪场不得养猫。猫既是弓形虫的中间宿主也可作为终末宿主。需要养猫时，猫食用的肉类，应预先煮熟，严禁喂生肉、生鱼、生虾。防止猪捕食啮齿类动物，防止猫粪污染猪饲料和饮水。

（2）加强饲养管理，消灭鼠类，防止猪与野生动物接触。已知动物就有 200 多种，包括鱼类、爬行类、鸟类、哺乳类（包括人）都能感染弓形虫。

（3）药物治疗，磺胺类药物为首选。发病猪可静脉注射磺胺 -6- 甲氧嘧啶，按每千克体重 0.07 克或磺胺嘧啶按每千克体重 0.07 克，10% 葡萄糖 200 ~ 500 毫升，混合后静脉注射。病初一次可愈，一般病例需要静注 2 ~ 3 次。也可肌肉注射磺胺 -6- 甲氧嘧淀，按每千克体重 0.07 克，一次肌肉注射，首次加倍，每日 2 次，连用 3 天即可康复。饲料中定期添加复方磺胺甲氧嘧啶钠，用量为 100 克 /200 千克饲料，对预防该病有着较好的保健作用。

十、钩端螺旋体病

（一）临床症状

病猪体温升高，尿为茶色或血尿。眼结膜以及皮肤在发病前期多数潮红，后期黄染。哺乳期仔猪急性病例，可见全身有出血斑点，头颈部水肿，故该病又称“粗脖子”或“大头瘟”病。哺乳仔猪病死率高。较大猪发病主要表现为黄疸、血尿。怀孕母猪发病可造成流产、死胎、木乃伊胎或弱仔。临床上出现发热、轻度厌食。有的哺乳母猪无乳或发生乳腺炎。

（二）剖检变化

剖检皮下组织、浆膜、黏膜有不同程度的黄染；心内膜、肠系膜、肠、膀胱黏膜出血；胸腔和心包积液；肝肿大，棕黄色；急性肾肿大、瘀血；慢性黄染和坏死灶。哺乳仔猪头、颈、背部以及胃壁水肿，切面明胶样。肾脏散在着小的灰色坏死灶，坏死灶周围有出血环。结肠系膜透明胶样水肿。

（三）临床实践

哺乳仔猪可出现神经症状，易与伪狂犬病混淆。黄疸、皮肤出血斑（主要出现在腹下部）和颈部水肿“粗脖子”是其特征。

（四）病例对照

该病皮肤病变差异较大，一般主要出现黄疸，图 A1，但有的仔猪败血症，黄疸不明显，皮肤却有较多出血斑点，图 B1；图 A2 示皮下组织、筋膜、心冠脂肪等黄染；图 A3 示肺脏黄染；图 A4 示肝脏黄染；图 A5 示脾脏淤血；图 A6 示肾切面黄染和出血；图 A7 示腹腔积黄色液体；图 A8 示肠系膜淋巴结黄染。

图 B1 示乳猪急性病例皮肤出血斑；图 B2 示颈部水肿（粗脖瘟）；图 B3 示颈部皮下水肿；图 B4 示心冠脂肪黄染；图 B5 示肺水肿有少量出血斑；图 B6 示肝脏出血；图 B7 示脾脏肿大出血；图 B8 示肾切面出血。

图 A1 皮肤黄染

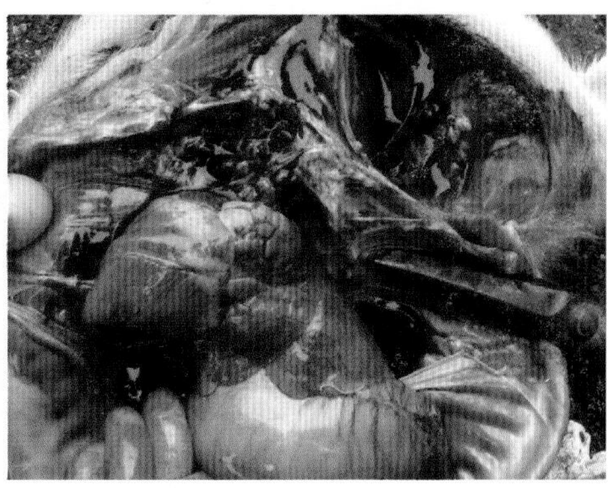

图 A2 皮下组织、筋膜、心冠脂肪等黄染

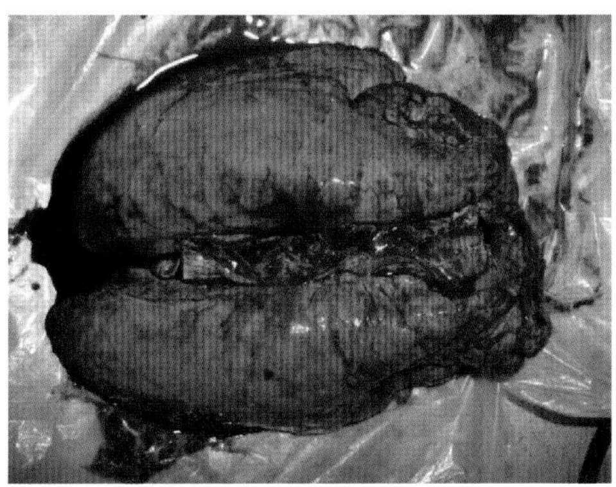

图 A3 肺脏黄染

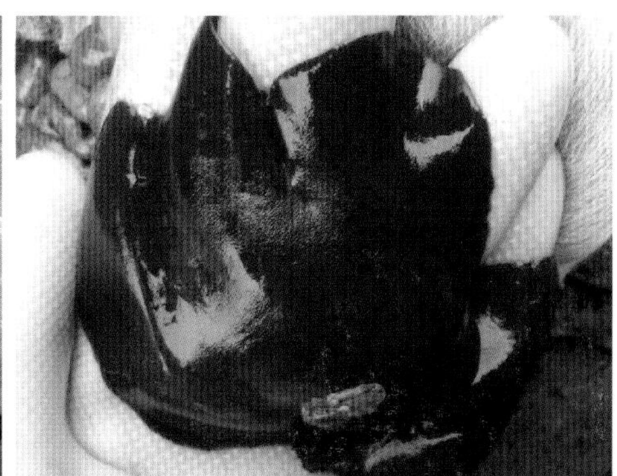

图 A4 肝脏黄染

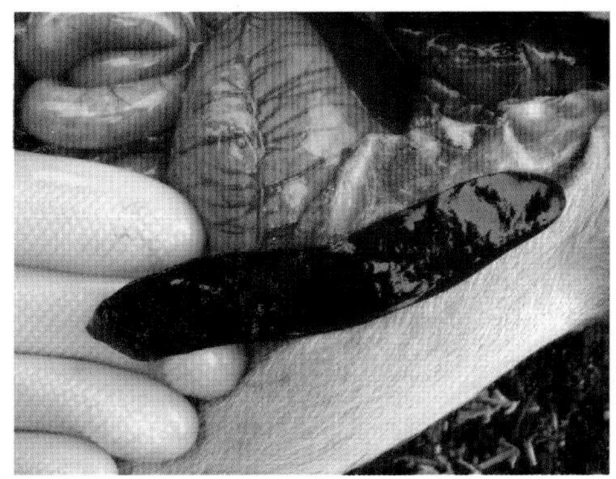

图 A5 脾脏淤血

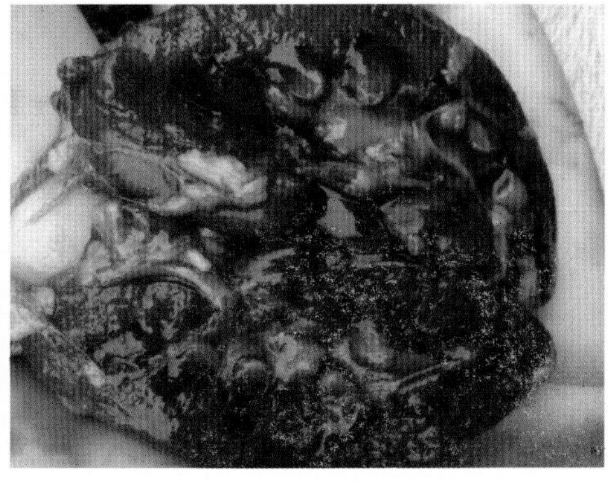

图 A6 肾切面黄染和出血

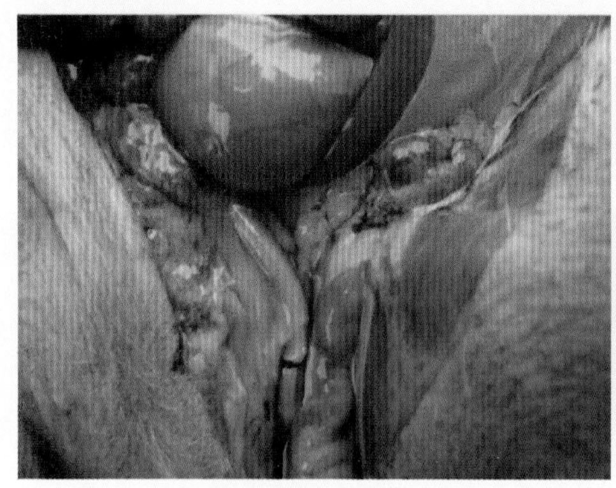

图 A7　腹腔积黄色液体

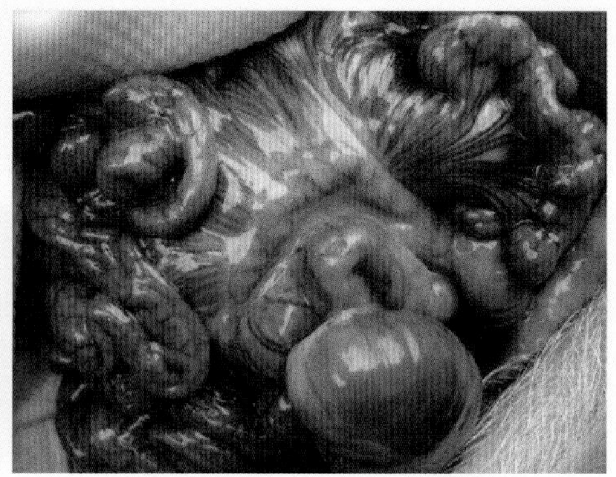

图 A8　肠系膜淋巴结黄染

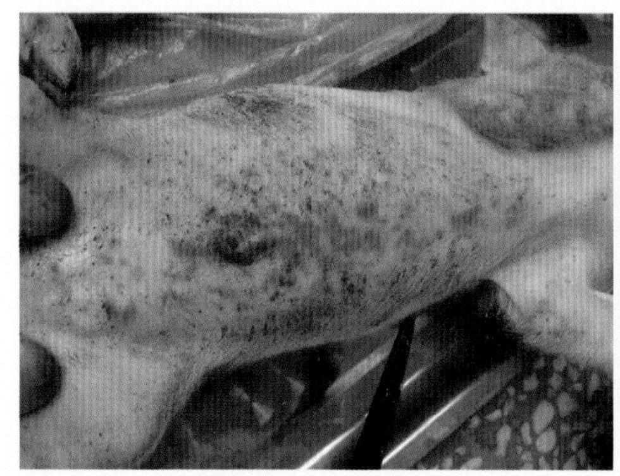

图 B1　乳猪急性病例皮肤出血斑

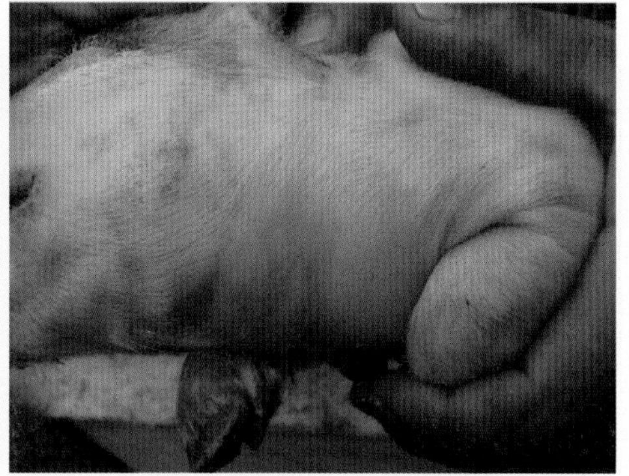

图 B2　颈部水肿（粗脖瘟）

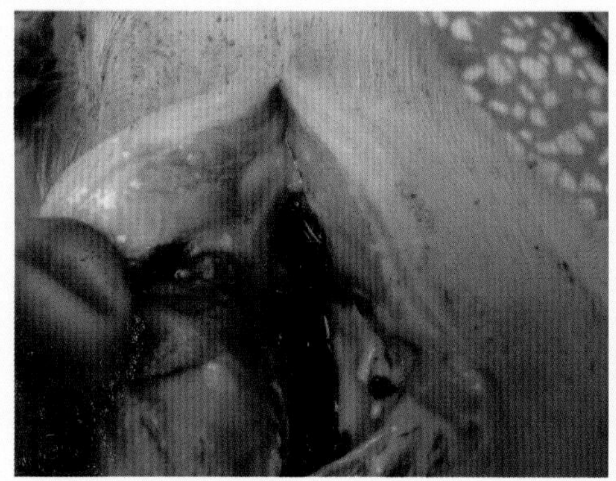

图 B3　颈部皮下水肿

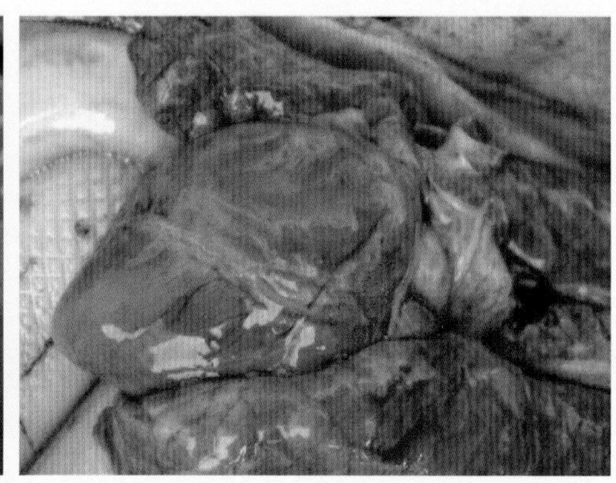

图 B4　心冠脂肪黄染

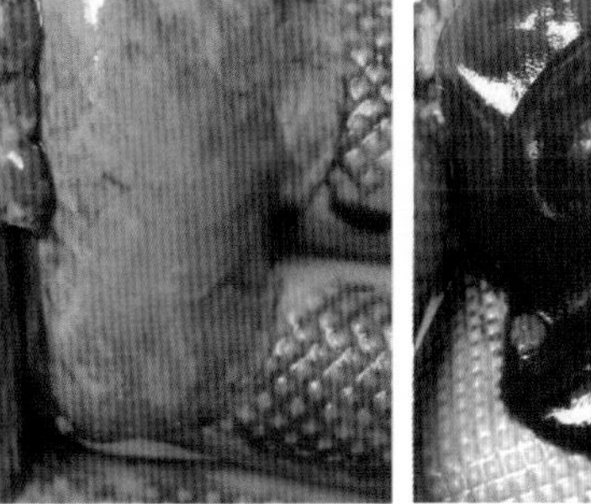

图 B5　肺水肿有少量出血斑

图 B6　肝脏出血

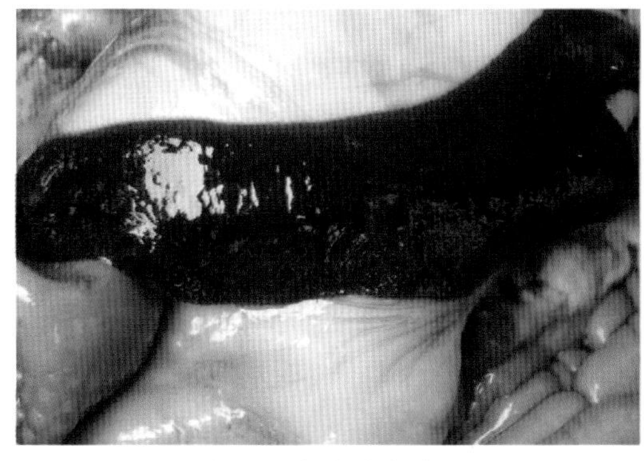

图 B7　脾脏肿大出血

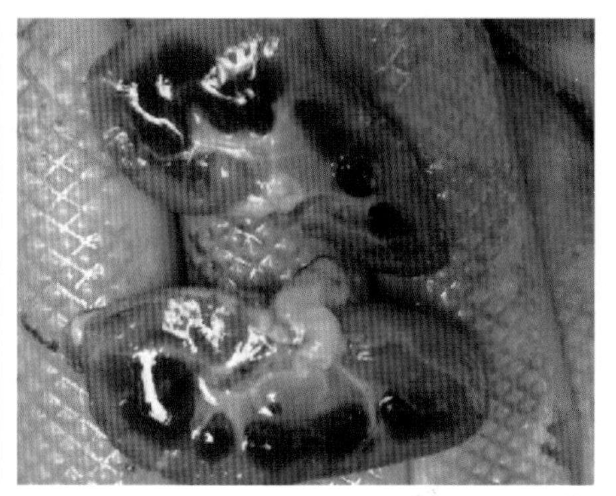

图 B8　肾切面出血

（五）防控措施

（1）采取综合性防制措施，做好灭鼠、环境卫生、消毒等工作。

（2）发现疑似病猪和发病猪，要及时隔离淘汰或治疗，并要消毒和清理污染物，防止传染和散播。

（3）用土霉素拌料（0.75 ~ 1.5 克 / 千克）连喂一周，可以预防和控制病情的蔓延。孕猪产前 1 个月连续用土霉素拌料饲喂，可以防止发生流产。一旦发现病猪，要及时全群投喂四环素类药物，用量 0.75 ~ 1.5 克 / 千克饲料，连喂 1 周。也可肌肉注射青霉素、链霉素，每日 2 次，连用 3 天。重症病例采取补液疗法，可收到良好效果。

参考文献

[1] 宣长和主编. 猪病学（第三版）. 北京：中国农业大学出版社，2010.

[2] [美] B.E 斯特劳等主编，赵德明，张仲秋，沈建忠主译. 猪病学（第九版）. 北京：中国农业大学出版社，2008.

[3] 潘耀谦主编. 猪病诊治彩色图谱. 北京：中国农业出版社，2010.

[4] 蔡宝祥，郑明球主编. 猪病诊断和防治手册. 上海：科学技术出版社，1997.

[5] 陈怀涛主编. 兽医病理学原色图谱. 北京：中国农业出版社，2008.

[6] 王春傲主编. 猪病诊断与防治原色图谱. 北京：金盾出版社，2010.

[7] 宣长和主编. 猪病类症鉴别诊断与防治彩色图谱. 北京：中国农业科学技术出版社，2011.

[8] 吴家强主编. 猪常见病快速诊疗图谱. 济南：山东科学技术出版社，2012.

[9] 甘孟侯，杨汉春主编. 中国猪病学. 北京：中国农业出版社，2005.